U0304697

古法今观——中国

古代科技名著新编

考工记

〔春秋战国〕佚名 著

俞婷 编译

江苏凤凰科学技术出版社

图书在版编目（CIP）数据

考工记 ／（春秋）佚名著 ；俞婷编译 . —— 南京 ：江苏凤凰科学技术出版社 ，2016.11

（古法今观 ／ 魏文彪主编 . 中国古代科技名著新编）

ISBN 978-7-5537-7348-3

Ⅰ . ①考… Ⅱ . ①佚… ②俞… Ⅲ . ①手工业史－中国－古代② 《考工记》 －译文 Ⅳ . ① N092

中国版本图书馆 CIP 数据核字 (2016) 第 258265 号

古法今观——中国古代科技名著新编

考工记

著　　　者	〔春秋战国〕佚名
编　　译	俞婷
项 目 策 划	凤凰空间／翟永梅
责 任 编 辑	刘屹立
特 约 编 辑	翟永梅

出 版 发 行	江苏凤凰科学技术出版社
出版社地址	南京市湖南路 1 号 A 楼，邮编：210009
出版社网址	http://www.pspress.cn
总 经 销	天津凤凰空间文化传媒有限公司
总经销网址	http://www.ifengspace.cn
印　　刷	北京博海升彩色印刷有限公司

开　　本	710 mm×1 000 mm　　1/16
印　　张	9
字　　数	161 000
版　　次	2016 年 11 月第 1 版
印　　次	2021 年 1 月第 2 次印刷

标 准 书 号	ISBN·978-7-5537-7348-3
定　　价	35.00 元

图书如有印装质量问题，可随时向销售部调换（电话：022—87893668）。

《考工记》：中国科学史上的坐标

传统文化的博大精深，令今人神往不已。但很多国学古书，读起来却颇为艰涩。为引领今天的读者走进一片源远流长、光辉灿烂的国学文化天地，感受国学经典中的力量与理趣，我们重新编译了《考工记》。

《考工记》篇幅并不长，但它是我国第一部记述官营手工业各工种规范和制造工艺的文献，也是一部闻名中外的古代科技名著。全书科技信息含量相当大，记述了木工、金工、皮革工、染色工、玉工、陶工等6大类、30个工种，其中6种已失传，但后又衍生出1种，故实存25个工种的内容。其内容不仅涉及先秦时代的制车、兵器、礼器、钟磬、练染、建筑和水利等手工业的制作工艺和检验方法，还涉及天文、生物、数学、物理、化学等自然科学知识。书中描写了先秦

陶 器

制作陶器

马车的壁画

时期大量的手工业生产技术、工艺美术技术等，记载了一系列的生产管理和营建制度，在一定程度上反映了当时的思想观念，在中国科技史、工艺美术史和文化史上都占有重要地位。

关于《考工记》的作者和成书年代，长期以来学术界都有不同的看法。目前多数学者认为《考工记》是齐国官书，即齐国政府制定的指导、监督和考核官府手工业、工匠劳动制度的书，作者为齐稷下学宫的学者。同时认为该书主体内容也是编纂于春秋末至战国初，部分内容补于战国中晚期。

《考工记》的产生背景是在春秋战国时期，这一时期是我国古代社会大变革的重要阶段，农业、手工业、商业、科学技术在此时都有了很大的发展。手工业中，一方面是原有的操作工艺更为纯熟；另一方面又产生了许多新的工艺，分工亦更为精细。春秋以前"工商食官"的格局已经被打破，除了官府手工业外，还出现了许多私营的个体手工业。由于礼崩乐坏，学术思想上也呈现了一派百家争鸣的局面。许多士人都比较重视实践，关心社会的进步和生产技术的发展，

车 轮

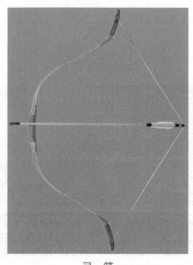

弓 箭

鲁班、墨翟、李冰这样一些杰出的学者、技术发明家便是这一时期的典型代表。为了进一步组织和指导生产，需对已获得的生产经验和技术思想进行总结，《考工记》便应运而生了。

今见《考工记》一书，是作为《周礼》的一个部分出现的。《周礼》一书原有六官之记，即"天官冢宰""地官司徒""春官宗伯""夏官司马""秋官司寇""冬官司空"。但《冬官》早佚。据说西汉时期，河间献王刘德修学好古，喜欢收集先秦经典，为购求此篇，曾费千金而不得，不得已乃以《考工记》补之。此书原无名称，《考工记》之名亦是汉代人手笔，后又经刘歆父子之手，才得今本。

由于 20 世纪以来，西方科学技术的传入以及科学考古的开展，使中外学者们更加关注《考工记》。他们利用科学的手段和思维方法，利用考古实物和模拟实验资料等，对《考工记》所涉及的古代技术、科学知识以及社会科学中的问题进行专题研究，发表了许多论文，在整体上把《考工记》研究提升到了一个新的水平。因而在新编《考工记》一书时，编译者插入了大量图片，采用图文并茂的方式，用简洁的文字，将此书深邃难懂的内容翻译成现代文，大大方便了读者的阅读。

　　由于编译者水平有限，书中难免有不足和欠妥之处，还望广大读者批评指正。

编译者
2016 年 10 月

古代的手工制品

古代匠人

目　录

卷

上

古法今观——中国古代科技名著新编

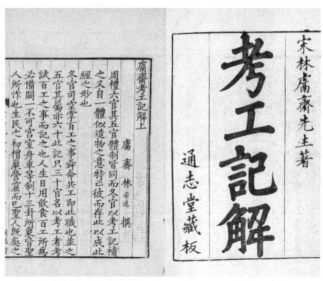

《考工记解》

总　叙

本节内容约与总目、总论相当，主要述说了「百工」的含义及它在古代社会生活中的地位、获得优良产品的自然条件和技术条件。文中说国有六职，即王公、士大夫、百工、商旅、农夫、妇功。

百工系六职之一，它又包括了六类30个工种，分别是：

攻木之工。包括轮人（主要制作马车的车轮和车盖等）、舆人（主要制作马车的车厢等）、车人（主要做耒和木牛牛车等）、弓人（做弓等）、庐人（制作殳、矛、戈、戟等兵器之柄）、匠人（负责都邑的测量和营建以及沟洫类水利设施和其他土木建筑）、梓人（即木工，负责制作编钟的悬架、饮器，以及箭靶）、辀人（制作马车车辕）。

攻金之工。包括筑氏（为削）、冶氏（为杀矢）、凫氏（为钟）、栗氏（为量器）、桃氏（做剑）、段氏（为镈器）等6个工种。

攻皮之工。包括函人（做甲）、鲍人（鞣制皮革）、韗人（制作皮鼓）以及韦氏、裘氏等5个工种。

设色之工。包括画、缋（皆事施彩）、钟氏（主要事染羽）、慌氏（负责湅丝）、筐人（职无考）等5个工种。

刮摩之工。包括玉人（专做各种仪礼所用之玉器）、矢人（制作箭镞等）、磬氏（制作石磬）以及雕人、柳人等5个工种（后二者之工正文缺，有人认为「雕人」系摩漆之工，「柳人」系治木之工）。

抟埴之工。包括陶人（做甗、盆、甑、鬲、毂等陶器）、旊人（做簋、豆等陶器）2个工种。

原典

国有六职，百工①与居一焉。或坐而论道；或作而行之；或审曲面埶②，以饬五材③，以辨④民器；或通四方之珍异以资之；或饬力以长地财；或治丝麻⑤以成之。坐而论道，谓之王公⑥。作而行之，谓之士大夫。审曲面埶，以饬五材，以辨民器，谓之百工。通四方之珍异以资之，谓之商旅。饬力以长地财，谓之农夫。治丝麻以成之，谓之妇功⑦。粤⑧无镈，燕无函⑨，秦无庐⑩，胡无弓车⑪。

粤之无镈也，非无镈也，夫人而能为镈也；燕之无函也，非无函也，夫人而能为函也；秦之无庐也，非无庐也，夫人而能为庐也；胡之无弓车也，非无弓车也，夫人而能为弓车也。知者⑫创物，巧者⑬述之，守之世，谓之工。百工之事，皆圣人之作也。烁⑭金以为刃，凝土以为器，作车以行陆，作舟以行水，此皆圣人之所作也。

注释

① 百工：周代主管营建制造的职官名，亦可指各种工匠。

② 审曲面埶："埶"同"势"。审，审视、考察、评估。"面势"指考察材料的内在特性。审曲面势，后世引申为审方面势。

③ 饬五材：饬，整治，整顿。五材，五种材料，即金（铜）、木、皮、玉、土。

④ 辨："办"的本字，置备，制备。

⑤ 丝：蚕丝，纺织原料，具有柔韧、弹性、纤细、滑泽、耐酸等特点。麻，古代专指大麻，也泛指亚麻、苎麻、苘麻等麻纤维。

⑥ 王公：天子与诸侯，泛指达官贵人。

⑦ 妇功：女功，又称女红，指纺织、缝纫等事。

⑧ 粤：同"越"，春秋战国时国名，亦称"於越"。

⑨ 燕：战国时七雄之一。函：皮甲或铠甲。

⑩ 庐：指戈、戟、矛等长兵器（包括无刃的殳）的竹、木柄。制庐器的低级工官或工匠称为庐人。

⑪ 弓车：弓和车。

⑫ 知者：知，通"智"。知者，聪明、有创造才能的人。

⑬ 巧者：工巧的人。

⑭ 烁：通"铄"，熔化金属。

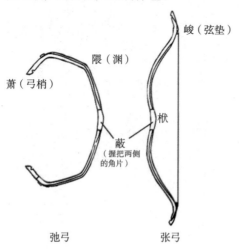

弓

译文

一国之内有六种职事，百工是其中之一。有的安坐议论政事；有的努力执行政务；有的审视考察材料的外在特征和内部特性，整治五材，制备民生器具；有的采办蓄积四方珍异的物品，流通有无；有的勤力耕作，种植庄稼；有的整治丝麻，织成衣物。安坐议论政事的，称为王公；努力执行政务的，称为士大夫；审视考察材料的外在特征和内部特性，整治五材，制备民生器具的，叫作百工；采办蓄积四方珍异的物品，流通有无的，叫作商旅；勤力耕作，种植庄稼的，叫作农夫；整治丝麻，织成衣物的，叫作妇功。粤地不设制镈的工匠，燕地不设函人，秦地不设庐人，胡境不设弓匠和车匠。

穿铠甲的士兵

粤地没有制镈的工匠，并不是说那里没有会制镈的人，而是成年男子都能够制镈。燕地没有函人，并不是说那里没有会制铠甲的人，而是成年男子都能够制作铠甲。秦地没有庐人，并不是说那里没有会制作庐器的人，而是成年男子都能够制作庐器。胡境没有弓匠、车匠，并不是说那里没有会制作弓、车的人，而是成年男子都能够制作弓和车。聪明、有创造才能的人创制器物，工巧的人加以传承，工匠世代遵循。百工制作的器物，都是圣人的创造发明。销熔金属制作兵刃利器，和合泥土烧结为陶器，制作车辆在陆地上行驶，制作舟船在水面上航行，这些都是由圣人创造发明的。

考古小发现

中外文物考古工作者已在蒙古高原上发现了青铜时代凿刻的许多车辆岩画，有些车辆岩画还与射箭狩猎岩画相映成趣。据内蒙古文物考古研究所盖山林的考察、发现和统计，1978年至1987年间，在阴山、乌兰察布草原和锡林郭勒草原上发现了车辆岩画30多个，其中尤以乌兰察布草原岩脉上的车型为最多。考古发现表明，当时蒙古高原，特别是其南部（内蒙古草原）已广泛使用车辆，由此可见，当时的造车、制弓业的确比较发达。

原典

天有时，地有气，材有美，工有巧，合此四者，然后可以为良。材美工巧，然而不良，则不时，不得地气①也。橘逾淮而北为枳②，鹦鹆不逾济③，貉④逾汶则死，此地气然也。郑之刀⑤，宋之斤⑥，鲁之削⑦，吴粤之剑⑧，迁乎其地而弗能为良，地气然也。燕之角⑨，荆之干⑩，妢胡之笴⑪，吴粤之金锡⑫，此材之美者也。天有时以生，有时以杀；草木有时以生，有时以死；石有时以泐⑬；水有时以凝，有时以泽⑭；此天时也。

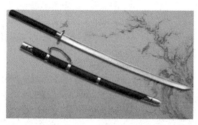

剑

朴刀

板斧

注释

① 地气："气"是中国古代的一种原始综合科学概念。"地气"包括地理、地质、生态环境等多种客观因素。

② 枳：亦称"枸橘""臭橘"，果小味酸，不堪食用，可以入药。

③ 鹦鹆：鸟名，俗称八哥。济：济水，古四渎（长江、黄河、淮河、济水）之一，包括黄河南北两部分，河北部分源出河南省济源市西王屋山。

④ 貉：哺乳动物，似狸，锐头尖鼻，昼伏夜出，捕食鱼、虫、鸟类等，毛皮为珍贵裘料。

⑤ 郑之刀：郑，郑国。刀，砍杀兵器，在先秦时期的兵器中作用还不显著。

⑥ 斤：工匠所用的斧头称为斤。

⑦ 削：书刀，古代书写在竹简、木札上，如有所修改，就用削刮除。

⑧ 剑：刺杀用的短兵器，大约起源于商末周初。

⑨ 角：牛角。

⑩ 干：郑玄注："干，柘也。"当时认为柘是上等干材，荆之干可能指柘。

⑪ 笴：箭杆。

⑫ 金锡：铜锡。

⑬ 泐：石依其纹理而裂开。

⑭ 泽：消解、消融。

译文

顺应天时，适应地气，材料上佳，工艺精巧，这四个条件加起来，才可以得到精良的器物。如果材料上佳，工艺精巧，然而制作出来的器物并不精良，那就是不顺应天时、不适应地气的缘故。橘树向北移栽，过了淮河就变成枳，鹳鹆从不（向北）飞越济水，貉如果（南）过汶水，那就活不长了。这些都是地气使然啊！郑国的刀，宋国的斤，鲁国的削，吴粤的剑（都是优质产品），不是那些地方生产的就不会精良，这亦是地气使然啊！燕地的牛角，荆州的弓杆，妢胡的箭杆，吴粤的铜锡，这些都是上好的原材料。天有时助万物生长，有时使万物凋零；草木有时欣欣向荣，有时枯萎零落；石有时顺其脉理而解裂；水有时凝固，有时消融；这些都是天时。

勾践剑的千古不锈之谜

越王勾践剑是中国的第一号名剑，享有"天下第一剑"的美誉。此剑虽已深埋地下 2400 多年，但出土时依旧保存完好，光洁如新，寒气逼人，锋利无比。其剑身满布菱形暗纹，上有八个错金的鸟篆体铭文"越王勾践自作用剑"。

为解开勾践剑千古不锈之谜，1977 年 12 月，上海复旦大学静电加速器实验室的专家们与中国科学院上海原子核研究所活化分析组及北京钢铁学院《中国冶金史》编写组的学者们一道，采用质子 X 荧光非真空分析法对越王勾践剑进行了无损科学检测，得出了剑身青铜合金分配比的准确数据表。越王勾践剑的主要成分是铜、锡以及少量的铝、铁、镍、硫组成的青铜合金。剑身的黑色菱形花纹是锡、铜、铁的合金，是经过硫化处理的，剑刃

越王勾践剑

剑上的铭文

的精磨技艺水平可同现代在精密磨床上生产出的产品相媲美。因剑的各个部位作用不同，因此，铜和锡的比例不一。

剑脊含铜较多，能使剑韧性好，不易折断；而越王勾践剑刃部含锡高，硬度大，使剑非常锋利；花纹处含硫高，硫化铜可以防止锈蚀，以保持花纹的艳丽。此外，越王勾践剑出土时紧插于黑漆木制剑鞘内，在剑鞘的保护下，又处于含氧量甚少的中性土层中，并且它所处的环境与外界基本隔绝，这也是它没有生锈的重要原因。

原典

凡攻木之工七，攻金之工六，攻皮之工五，设色之工五，刮摩之工五，抟埴①之工二。攻木之工：轮、舆、弓、庐、匠、车、梓；攻金之工：筑、冶、凫、栗、段、桃；攻皮之工：函、鲍、韗②、韦、裘；设色之工：画、缋、钟、筐、慌；刮摩之工：玉、楖、雕、矢、磬；抟埴之工：陶、旊③。

注释

①抟埴：即制陶。抟，把东西揉弄成球形。埴，黏土。

②韗：刀剑柄上或鞘上近口处的装饰。

③旊：制瓦器的工匠。

译文

所有的工官或工匠，治木的有七种，冶金的有六种，治皮的有五种，施色的有五种，琢磨的有五种，制陶的有两种。治木的工种是：轮人、舆人、弓人、庐人、匠人、车人、梓人。冶金的工种是：筑氏、冶氏、凫氏、栗氏、段氏、桃氏。治皮的工种是：函人、鲍人、韗人、韦氏、裘氏。施色的工种是：画、缋、钟氏、筐人、慌氏。琢磨的工种是：玉人、楖人、雕人、矢人、磬氏。制陶的工种是：陶人、旊人。

古代欧洲的奇特工种

古代欧洲有许多我们闻所未闻的奇特工种，如奇特工种之一"敲窗人"。这个职业出现在英格兰爱尔兰工业革命时代，当时的人们还没有发明出闹钟这种东西，所以，为了能按时起床工作，他们就需要这样一个敲窗人。敲窗人的工作就是每天沿街挨家挨户地敲窗户，叫醒那些要上班的男人，被叫醒的人会给敲窗人几便士的酬劳。

奇特工种之二"体育官"。体育运动员在古希腊是非常流行的职业，而体育官的工作就是清理运动员身上的汗。但是他们又区别于澡堂里的搓澡工，他们清理汗的主要方式是往运动员身上浇油，然后拿毛巾刮干运动员身上的汗和油。

还有更为奇特的是"葬礼小丑"。在古罗马举办葬礼时，有时也会请来小丑。他们的工作就是穿上死者生前的衣服，戴上面具，在会场上跳舞并讲笑话。当地人认为这样会让死者在阴间也高兴起来，把葬礼变成喜丧，而葬礼小丑在完成工作后也会得到一定的报酬。

原典

有虞氏上陶①，夏后氏上匠②，殷人上梓③，周人上舆④。故一器而工聚焉者，车⑤为多。车有六等之数：车轸⑥四尺，谓之一等；戈柲⑦六尺有六寸，既建而迤⑧，崇⑨于轸四尺，谓之二等；人长八尺，崇于戈四尺，谓之三等；殳⑩长寻有四尺，崇于人四尺，谓之四等；车戟常⑪，崇于殳四尺，谓之五等；酋矛⑫常有四尺，崇於戟四尺，谓之六等。车谓之六等之数。

译文

有虞氏提倡制陶业，夏后氏提倡水利和营造业，殷人提倡木作手工业，周人提倡车辆制造业。一种器物聚集数个工种的制作才能完成的，毕竟以车为最多。车有六等差数，车轸离地四尺，这是第一等。戈连柄长六尺六寸，斜插在车上，比轸高出四尺，这是第二等。人长八尺，比戈高四尺，这是第三等。殳长一寻又四尺，比人高四尺，这是第四等。车戟长一常，高出殳四尺，这是第五等。酋矛长一常又四尺，比戟高出四尺，这是第六等。所以说车有六等差数。

注释

①上陶：上，通"尚"，崇尚，提倡，劝勉。陶，陶器。上陶，即提倡制陶业。

②上匠：匠，水利和营造。上匠，提倡水利和营造业。

③上梓：梓，落叶乔木，材质轻软耐朽，古代木器多用梓。梓因此成为木材、木工的代称。上梓，提倡木作手工业。

④上舆：舆，车厢，泛指车。上舆，提倡制车业。"有虞氏上陶，夏后氏上匠，殷人上梓，周人上舆"高度概括了我国上古至先秦的手工艺发展史。

⑤车：车是古代国家机械制造工艺水平的集中代表。传说我国夏代已有制车手工业。

⑥轸：车厢底部后面的横木。车厢底部四周的横木，即车厢底部的边框，亦称轸。

⑦柲：兵器之柄。

⑧迤：同"迆"，斜行，引申为斜倚。

⑨崇：高。

⑩殳：古代撞击、打击用的兵器，后世棍、棒的前身。以竹、木制成，一般头上无刃。

⑪车戟常：戟是将戈、矛组合在

一起，兼取两者之长的一种兵器。可以直刺、啄击、推击、钩斫，性能较优。车载是战车车战用的戟。常：古代四进制长度单位，二寻为常，一常等于十六尺。

⑫酋矛：矛是古代刺杀用的长兵器，后世枪的前身。酋，通"遒"，意为近；酋矛，较短之矛。

车的起源

传说我国夏代已有制车手工业，在殷商时期独辕车已发展得相当成熟。春秋战国时期，攻伐征战频繁，对战车的需求与日俱增，且新式青铜工具的出现改进了木工工艺，社会分工日益精细，进而使木车制造工艺达到了高峰。在1950年，夏鼐等人首次在河南省辉县琉璃阁清理剔掘出比较完整的战国木车。此后，较完整或零星的商周至两汉的古车标本迭有出土。

汉代木轺车

原典

凡察车之道，必自载于地者始也，是故察车自轮始。凡察车之道，欲其朴属而微至①。不朴属，无以为完②久也。不微至，无以为戚速③也。轮已崇，则人不能登也；轮已庳④，则于马终古登陁⑤也。故兵车之轮六尺有六寸，田车⑥之轮六尺有三寸，乘车⑦之轮六尺有六寸。六尺有六寸之轮，轵⑧崇三尺有三寸也，加轸与轐⑨焉，四尺也。人长八尺，登下以为节⑩。

注释

① 微至：车轮正圆，着地面积小，叫作微至，相当于现今几何学中的圆与直线相切。这样滚动摩阻较小。

② 完：坚固。

③ 戚速：即疾速。

④ 庳：低矮。

⑤ 陁：山坡。登陁即为上坡。

⑥ 田车：古代田猎用的车。

⑦ 乘车：乘用之车。

⑧ 轵：车毂通轴之孔在辐以外的部分称轵，也叫小穿，此处指车轮中心线高度。

⑨ 轐：因状如伏兔，也称伏兔，置于车轴上，垫在左、右车轸之下的枕木。

⑩ 节：节度。

译文

　　考核车子的要领，必定先从地面的荷载开始，所以，考核车子先要从轮子着手。考核车子的要领，要注意它的结构是否缜密坚固，着地是否微至。如果轮子不缜密坚固，那就不能坚固耐用；轮子着地的面积若不微少，那就不能运转快捷。轮子太高的话，

铜马车模型

人不容易登车；轮子太低的话，那马就十分费力，好比常处于爬坡状态一样。所以兵车的轮子高六尺六寸，田车的轮子高六尺三寸，乘车的轮子高六尺六寸。六尺六寸的车轮，辄高三尺三寸，加上轸与辕，一共四尺。人长八尺，以上下车时高低恰到好处为度。

<hr>

车的发展历程

<hr>

　　约公元前 2000 年，黑海附近大草原的几个部落带着马来到幼发拉底河流域，开始用马来拉有轮子的车。这种车的轮子已经有轮辐，比较轻便，易于操纵，且不像早期的车轮那样是整个木头块做成的。

　　此后的 1000 多年时间里，这种用作长途运输的马拉车成为世界各国主要的运输车辆。当然，这些马车不仅拉货运物，同时也用作载人远行。马车也由一开始的两轮车演变成四轮车了。

　　最初的四轮马车只不过是一具有窗的箱子，以皮带悬吊在无簧板的车架上，相对而坐的旅客需要忍受不断的摇动与跳跃。后来的四轮车的载运量大，运行平稳，因鼎盛时期的罗马帝国具备很好的 80 000 千米的平坦大道，而使这种四轮马车备受青睐。但四轮车在罗马帝国灭亡后也逐渐被两轮车取代，因为罗马帝国灭亡后的道路经数世纪失修而日渐崩坏，它已不能满足四轮车需要较为平坦的路面行驶的要求，所以此时最实用的是两轮车。

　　在以后的几个世纪，这种车辆被一批批更坚固、更轻、更美、更有效的各类马车所取代。到了 17 世纪，四轮的公共驿车承担了几乎所有的长途客运任务，为陆上旅行带来繁荣，而精致的私有马车成为王族身份的象征。但是马车的速度仍不能令人满意，一辆驿车在当时最好的公路上经过 375 千米的行程，最快仍要走 23 个半小时才能到达。

　　人们希望发明一种比马更有耐力和更强壮的动力机器，以使车轮转得更快。同时，也需要有更平滑、更可靠的路面以供四轮车行走。不久以后，在英国和美国的一些地方，有少数想象力丰富的人士开始试验用蒸汽做动力，而以钢铁做轨道。

　　1904 年，四轮马拉的驿车与蒸汽火车相争终于失败，美国内华达州富庶市镇士诺巴与高非尔之间最后的著名驿车停驶了了，马车的黄金时代宣告结束。

01　轮人

古代车轮制作工艺

轮人，古代指制作车轮的工匠或执掌制作车轮及有关部件的官员。本书介绍的是制作车轮的技术。因为车马是古代重要的交通工具，因此那时不仅有专门制作车轮的部门和工匠，其制作车轮的技术也非常精湛。《考工记·轮人》详细记录了古代车轮的制作工艺，对后人研究古代车马文化有很高的学术价值。

原典

轮人为轮①。斩三材②必以其时。三材既具，巧者和之。毂③也者，以为利转也。辐④也者，以为直指⑤也。牙⑥也者，以为固抱也。轮敝，三材不失职，谓之完。望而眂⑦其轮，欲其幎尔而下迆⑧也。进而眂之，欲其微至也。无所取之，取诸圜也。望其辐，欲其掣尔而纤⑨也。进而眂之，欲其肉称⑩也。无所取之，取诸易直也。望其毂，欲其眼⑪也，进而眂之，欲其帱之廉⑫也。无所取之，取诸急⑬也。眂其绠，欲其蚤⑭之正也，察其菑蚤不齵⑮，则轮虽敝不匡⑯。

车　轮

注释

①轮：车轮。车轮是木车的核心部件，对车子质量的影响最大。

②三材：指做毂、辐、牙三者的材料。三者工作状态不同，用材亦异。

③毂：车轮中心的圆木部件。外周中部凿出一圈榫眼以装车辐，毂内的大孔名薮，用以贯车轴。

④辐：车轮中连接毂与轮圈的直木条。

⑤直指：指，当为揲。揲，支，拄。直指，即支撑毂与轮圈的辐条装配得笔直无偏倚。

⑥牙：又名辋，车轮的外周，即轮圈。

⑦眂：视。

⑧下迆：此处应理解为轮圈触地的过程。

⑨掣尔而纤：像人手臂一样由粗渐细。掣，如削尖之貌。纤，小。

⑩肉称：光滑均好。

⑪眼：即辊，匀整、光洁之意。

⑫帱：覆盖。文中指裹于毂上的皮革。廉：棱角。

⑬急：紧固。

⑭蚤：当为爪，车辐两头出榫，装入牙中的称为蚤。

⑮菑：车辐两头出榫，插入毂中的称为菑。齵：齿不正，参差不齐。

⑯匡：弯曲，扭曲。

译文

轮人制作车轮。伐取三材必须适时，三种材料都已具备，用精巧的工艺进行加工。毂，是灵活转动的部件；辐，是笔直支撑的部件；牙，是坚固合抱的部件。轮子虽然用得破旧了，而毂、辐、牙三材没有丧失功能，这才完美。远望轮子，要注意轮圈转动是否周而复始地均致地触地；近看轮子，要注意它的着地面积是否很小，无非是要求轮子正圆。远望辐条，要注意它是否像人臂一样由粗渐细；近看辐条，要注意它是否光滑均好，无非是要求辐条精致挺直。远望车毂，要注意它是否匀整光洁；近看车毂，要注意裹革的地方是否隐起棱角，无非是要求裹得紧固。细看轮缬，要注意辐端插入（毂和）牙中是否齐正。发现菑蚤都是齐正的话，那么轮子即使破旧了也不会变形。

车　轮

现代轮胎的种类

　　现代社会，随着车子应用得越来越广，人们对轮胎的要求也越来越高了。单说轮胎的种类，就有好几种。如轮胎按轮辐的构造，可分为辐板式车轮和辐条式车轮；按车轮材质，可分为钢制、铝合金、镁合金等车轮；按车轴一端安装一个或两个轮胎，又可分为单式车轮和双式车轮。此外，还有对开式车轮、组装轮辋式车轮、可反装式车轮和可调式车轮等。现在轿车和货车用得最多的是辐板式车轮。

原典

　　凡斩毂之道，必矩其阴阳①。阳也者，稹理②而坚；阴也者，疏理而柔。是故以火养其阴，而齐诸其阳，则毂虽敝不蔽③。毂小而长则柞④，大而短则挚⑤。是故六分其轮崇，以其一为之牙围⑥，叁分其牙围而漆其二。椁

注释

　　①必矩其阴阳：矩，刻识。阴阳，树木之向阳面为阳，其背面不向阳者为阴。

　　②稹理："稹"通"缜"，细密，致密。稹理，纹理致密。

　　③蔽：通"耗"，缩耗不平。

　　④柞：狭窄。

　　⑤挚：危，不坚牢。

其漆内而中诎之⑦，以为之毂长，以其长为之围。以其围之防捎其薮⑧：五分其毂之长，去一以为贤⑨，去三以为轵⑩。容毂必直，陈篆⑪必正，施胶必厚，施筋必数⑫，帱必负干⑬。既摩，革色青白，谓之毂之善⑭。

车　轮

⑥牙围：轮牙的周长。

⑦椁其漆内而中诎之：椁，量度。诎，短缩。中诎之，缩短一半。

⑧以其围之防捎其薮：防，通"仿"，即零数，分数。捎，消除。薮，毂中心穿轴之孔，内外两端大小不同。

⑨贤：在轮的内侧即靠近车厢的一端其口径较大者，名贤。

⑩轵：车毂所穿之孔，在轮之外侧，其口径略小者，名轵。毂的贤端略大，轵端略小。与其相配合的车轴也是近贤处较粗，近轵处较细。这样行车时车轴就不致内侵，可避免车轮与车厢相擦。

⑪陈篆：陈，陈设。篆，毂体上的纹饰。

⑫数：密。

⑬帱必负干：所施的胶筋与车毂紧密地结合在一起。帱，覆。负干，紧贴毂体。

⑭毂之善：好的毂。

译文

伐取毂材的要领，必须先刻识阴阳记号；木材向阳的部分，纹理致密而坚实；背阴的部分，纹理疏松而柔弱。所以，要用火烘烤背阴的部分，使其与向阳的部分性能一致（然后作毂），这样毂即使用得破旧了，也不会因变形而不平。如果毂小而长，辐间就太狭窄；如果毂大而短，辐菑就不坚牢，会摇动不安。所以，牙围取轮子高度的六分之一，其内侧的三分之二上漆。量度轮子上漆部外缘圆内接正方形的边长，折半作为毂的长度，毂的周长等于毂长。按毂长的某种分数来剜除木芯成薮：即以毂长的五分之四作为贤（的周长），毂长的五分之二作为轵（的周长）。整治毂的形状必定要使它内外同轴，设篆一定要均等平正，敷胶一定要厚，缠筋必定要密，所施的胶筋与毂体要紧密地结合在一起，（以石）打磨平后，篆部革色青白相间，这就是好的毂了。

现代轮毂的材质与优劣

如今市场上的轮毂按照材质可以分为钢轮毂和合金轮毂，而且各有各的利弊。钢质轮毂最主要的优点就是制造工艺简单，成本相对较低，而且抗金属疲劳的能力很强，也就是我们俗称的便宜又结实。但钢质轮毂的缺点也相对比较突出，就是外观丑陋，重量较大，惯性阻力大，散热性也比较差，而且非常容易生锈。合金材质轮毂正好可以弥补这样的问题，它重量较轻，惯性阻力小，制作精度高，在高速转动时的变形小，有利于提高汽车的直线行驶性能，减轻轮胎滚动阻力，从而减少油耗。

原典

叁分其毂长，二在外，一在内，以置其辐。凡辐，量其凿①深以为辐广。辐广而凿浅，则是以大扤②，虽有良工，莫之能固。凿深而辐小，则是固有余而强不足也。故竑其辐广，以为之弱③，则虽有重任，毂不折。叁分其辐之长而杀其一，则虽有深泥，亦弗之溓④也。叁分其股围⑤，去一以为骹围⑥。揉辐必齐，平沈⑦必均。直以指⑧牙，牙得，则无槷⑨而固；不得，则有槷必足见也。六尺有六寸之轮，绠叁分寸之二，谓之轮之固。

注释

①凿：毂上凿出的孔以便辐的菑端插入其内。

②扤：动摇。

③故竑其辐广，以为之弱：竑，量度。弱，轮辐菑端插入毂中的部分。辐是菑端稍粗、蚤端较细的一种肱梁，为了辐菑与凿孔之间配合强固，《考工记》的方案是凿孔深度、辐菑截面的宽度与辐端没入毂中的长度三者一致，这样可以兼顾各方面的力学要求，加工也较方便。这种经验公式是合理的。

④溓：通"黏"。

⑤股围：股的周长。股，轮辐近毂之处。

⑥骹围：骹的周长。骹，车辐近牙之处。

⑦平沈：沈，同"沉"，没于水中。平沈，浮沉。

⑧指：插入。

⑨槷：木楔。

译文

（扣去辐广）三分毂长，二分在外，一分在内，这样来定辐条入毂的位置。所有的辐条，辐菑入孔的深度等于辐的宽度。如果辐宽而菑孔太浅，那就极易动摇，即使优秀的工匠也不能使它牢固。如果菑孔深而辐菑狭小，那么牢固有余而强度不足（容易折断）。所以一定要量度辐条的宽度作为菌孔深度，这样，车子虽然荷载很重，毂也不会损坏。削细辐条近牙的三分之一，车行时就是有深的烂泥也不会黏住。以股的周长的三分之二作为骹的周长。揉制辐条必定要使它们齐直，（将它们放在水中，）浮沉的深浅也要相同。辐条笔直地插在牙上，蚤牙相称，就是不用楔，也很牢固。如果蚤牙不相称，就是用楔，终究也是要露出来的。六尺六寸的轮子，辐绠取三分之二寸，这样轮子就牢固。

现代轮毂指标

　　现代汽车轮毂从制造工艺上主要分为铸造和锻造两种，一般铸造圈是铝的，而锻造圈有铝的，也有加上钛金属的。总的说来，锻造圈强度越大，重量越轻，车动力损失越小，跑起来越快。轮毂的另一个区别指标是孔距与偏心距的不同。孔距简单说来就是螺丝钉的位置，偏心距则体现的是轮毂的用来上螺钉的面（固定面）到轮毂中心线的距离。一个好的轮毂的要求是：密度均匀、形态圆、热变形性小、强度大。而轮胎和轮毂的配合，对一辆车来说，就好像是衣服和鞋的配合，搭配好了，可以相得益彰。

原典

　　凡为轮，行泽者欲杼①，行山者欲侔②。杼以行泽，则是刀以割涂也，是故涂不附。侔以行山，则是抟③以行石也，是故轮虽敝不瓶④于凿。凡揉牙，外不廉⑤而内不挫，旁不肿，谓之用火之善。是故规⑥之，以眂其圜也；萭⑦之，以眂其匡也；县之⑧，以眂其辐之直也；水之，以眂其平沈之均也⑨；量其薮以黍，以眂其同也⑩；权⑪之，以眂其轻重之侔也。故可规、可萭、可水、可县⑫、可量、可权也，谓之国工。

元代大车车轮

注释

① 杼：削薄。

② 侔：相等。

③ 抟：圆厚。

④ 甈：破敝，破败，损坏。

⑤ 廉：断裂。

⑥ 规：圆规。古代圆规与后世圆规原理相同，结构稍异。山东济宁武梁祠东汉画像石上人物手中所拿的即是当时的圆规。

⑦ 萭：又称萭蒌，系正轮之器。萭蒌是检验轮圈两侧是否平整的专用工具，与轮等大而圆，中央隆起以容轮毂，其外形与"枸蒌"相似，发音相近。

⑧ 县之：县同"悬"。县之，用悬绳检验。

⑨ 水之，以眡其平沈之均也：这是利用浮力知识检验车轮的质量分布是否均匀。如果选材或制作不当，重心偏离轮子的几何中心，置于水面上重力与浮力平衡时，轮平面势必与水平面斜交。如果车轮四周均匀地浮出水面，说明其质量分布对称均匀，符合技术要求。

⑩ 量其薮以黍，以眡其同也：用黍测量两毂中空之处看其大小（容积）是否相同。黍，禾本科一年生草本植物，果实呈球形或椭圆形。古代用黍百粒排起来，取其长度作为一尺的标准，叫作"黍尺"。黍也可用来量容积。

⑪ 权：天平。古称"衡"或"权"。演变的序列是等臂天平——不等臂天平——杆秤。20 世纪 50 年代以来，湖南楚墓中出土过不少天平和砝码，其中 1954 年长沙左家公山 15 号墓出土的一套天平砝码非常完整。

⑫ 可水、可县：据上文"县之，以眡其辐之直也；水之，以眡其平沈之均也"，"可水、可县"可能原为"可县，可水"。

译文

凡制作车轮，行驶于泽地的，轮缘要削薄；行驶于山地的，牙厚上下要相等。轮缘削薄了，在泽地中行驶，就像刀子割泥一样，所以泥就不会黏附。轮子牙厚上下相等，行驶于山地，因圆厚的轮牙滚在山石上，虽然轮牙用得破旧了，也不会影响凿枘而使辐条松动。凡用火揉牙，牙的外侧不（因拉伸而）伤材断裂，内侧不焦灼挫折，旁侧不曝裂臃肿，这是善于用火揉牙的表现。所以，用圆规来检验，看轮圈是否很圆；用萭来检验，看轮圈两侧是否规整；悬绳检验上下两辐是否对直；浮在水上观测浮沉的深浅是否均等；用黍测量两毂中空之处看其大小（容积）是否相同；用天平衡量两轮的重量是否相等。如果制造出来的轮子能够圆中规，平中萭，直中绳，浮沉深浅同，黍米测量同，权衡轻重同，可以称为国家一流的工匠了。

轮胎花纹的主要作用

　　汽车轮胎不仅起着承载重量、前后滚动的作用，而且通过其花纹块与路面产生的摩擦力，成为汽车驱动、制动和转向的动力之源。轮胎上花纹的主要作用就是增加胎面与路面间的摩擦力，以防止车轮打滑，这与鞋底花纹的作用如出一辙。轮胎花纹提高了胎面接地弹性，在胎面和路面间切向力的作用下，花纹块能产生较大的切向弹性变形。切向力增加，切向变形随之增大，接触面的"摩擦作用"也就随之增强，进而抑制了胎面与路面打滑或打滑趋势。这在很大程度上消除了无花纹（光胎面）轮胎易打滑的弊病，使得与轮胎和路面间摩擦性能有关的汽车性能——动力性、制动性、转向操纵性和行驶安全性的正常发挥有了可靠的保障。有研究表明，产生胎面和路面间摩擦力的因素还包括两个面间的黏着作用、分子引力作用以及路面小尺寸微凸体对胎面微切削作用等，但是，起主要作用的仍是花纹块的弹性变形。

原典

　　轮人为盖①。达常②围三寸。桯③围倍之，六寸。信其桯围以为部广④，部广六寸。部长⑤二尺。桯长倍之，四尺者二。十分寸之一谓之枚⑥。部尊⑦一枚，弓凿⑧广四枚，凿上二枚，凿下四枚。凿深二寸有半，下直二枚，凿端一枚。弓长六尺谓之庇轵⑨，五尺谓之庇轮，四尺谓之庇轸。叁分弓长而揉⑩其一。叁分其股围，去一以为蚤围。叁分弓长，以其一为之尊。上欲尊而宇⑪欲卑。上尊而宇卑，则吐水疾而霤⑫远。盖已崇，则难为门也；盖也卑，是蔽目也。是故盖崇十尺。良盖弗冒⑬弗纮，殷亩而驰⑭，不队⑮，谓之国工。

注释

　　①盖：车盖，车盖之形如伞，用以御雨蔽日，不用时可取下。

　　②达常：车盖上柄。盖柄有两节，上节名达常，下节名桯（即盖杠），达常插入桯中。两者连接处常套以铜

秦代带有车盖的马车（青铜）

管箍加固。

③ 桯：见上注。

④ 部广：车盖上柄的顶端膨大，名部，也叫盖斗。部广，盖斗的直径。

⑤ 部长：指达常和部的总长。

⑥ 枚：古代长度单位名，等于十分之一寸，即一分。

⑦ 部尊：盖斗上端隆起的高度。

⑧ 弓凿：弓，盖弓。车盖之骨，呈弓形，也称轑或撩。上覆盖衣，即幕。

⑨ 庇轵：庇，遮盖，覆盖。庇轵，遮盖两轵。下文庇轮、庇轸义同。

⑩ 揉：使木弯曲。这种设计既美观，又能增加盖下的活动空间，且几乎不影响泄水的效果。

⑪ 宇：屋檐。此处指车盖的外缘。

⑫ 霤：通"溜"，指下注之水。

⑬ 弗冒：冒，蒙于盖弓之幕。弗冒，盖弓上不蒙幕。

⑭ 殷亩而驰：殷，震动，颠簸。亩，垄，即田中高处。殷亩而驰，横驰于颠簸不平的垄上。

⑮ 队：通"坠"，坠落。

译文

轮人制作车盖。上柄周长三寸，下柄周长多一倍，合六寸。展开下柄的周长作为盖斗的直径，盖斗的直径是六寸。上柄连盖斗的长度为二尺。下柄（有两截，每截）比上柄长一倍，（为四尺，）两截共八尺。十分之一寸叫作枚。盖斗上端隆起的高度为一枚。盖斗周围嵌入盖弓的凿孔宽四枚，孔上方有两枚，孔下方有四枚。凿孔深二寸半，下平，（渐收，）凿孔的内端高二枚，宽一枚。盖弓长六尺的，遮盖两轵；长五尺的，遮盖两轮；长四尺的，遮盖两轸。盖弓（近盖斗）三分之一处揉曲。以股的周长的三分之二作为蚤的周长。盖斗与弓末的高差为弓长的三分之一，盖弓近盖斗的上平部较高，而远离盖斗的宇部要低，上平部高而宇部低，泄水很快，斜流必远。车盖太高的话，（一般的城）门就通不过去；车盖太低的话，会遮住乘车者的视线，所以车盖的高度定为十尺。好的车盖，即使盖弓上不蒙幕，弓末不缀绳，随车横驰于颠簸不平的垄上，盖弓也不会脱落。（有这种技艺的），可以称为国家一流的工匠了。

02　舆人

古代车舆制作工艺

舆人，指古代制作车厢的工匠。车厢是古代马车重要的部分，所以这部分由专门的工匠制作。由此可见，古代车马制作的分工是十分细致的。

原典

舆人为车①。轮崇、车广、衡②长，叁如一，谓之叁称。叁分车广，去一以为隧③。叁分其隧，一在前，二在后，以揉其式④。以其广之半，为之式崇；以其隧之半，为之较⑤崇。六分其广，以一为之轸围；叁分轸围，去一以为式围；叁分式围，去一以为较围；叁分较围，去一以为轵围；叁分轵围，去一以为轛围。圜者中规，方者中矩⑥，立者中县，衡者中水，直者如生焉，继者如附⑦焉。凡居材⑧，大与小无并，大倚小则摧，引之则绝。栈车⑨欲弇，饰车欲侈⑩。

注释

①车：车厢。古称舆，车子的荷载部分。

②衡：车辕头上的横木。

③隧：通"邃"，深，指车厢之长。

④式：通"轼"，车厢前部栏杆顶端的横木。车厢中部顶端的横木也称轼。横轼两端向下揉曲为轼柱。

⑤较：在立乘的车上，于左右两旁的车栏即輢上各安一横把手，名较。

⑥矩：两边之间呈直角的曲尺。

⑦如附：如枝附干，紧密相连。

⑧居材：处理材料。

⑨栈车：以竹木散材制成的车，无革装饰，上漆。士乘栈车。

⑩侈：宽大。意为考究宽敞。

译文

舆人制作车厢。车轮的高度、车厢的宽度、车衡的长度三者相等，称为叁称。以车厢宽度的三分之二作为车厢之长。将车厢长度三等分，三分之一在前，三分之二在后，将轼揉曲到这个位置。以车厢宽度的二分之一作为轼的高度，以车厢长度的二分之一作为较的高度。以车厢宽度的六分之一作为

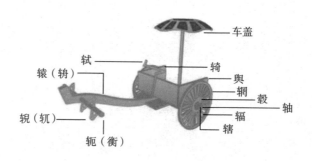

单辕车各部件名称

辌的周长，以辌周长的三分之二作为轼的周长，以轼周长的三分之二作为较的周长，以较周长的三分之二作为轵的周长，以轵周长的三分之二作为辄的周长。圆的合乎圆规，方的合乎曲尺，直立的合乎悬绳，横放的与水面平行；直立的好像从地上生出来一样，交相连缀的如枝附干一般。凡处理制车的材料，大与小（不相称）不能装配。如小件支撑大件，就要摧折；如小件牵引大件，则易断裂。栈车应简便狭小一些，饰车要考究宽敞一些。

栈车复原图

车厢可划分汽车类型

现在我们常见的轿车一般是三厢车，就是指车身结构由三个相互封闭且用途各异的"厢"所组成，即前部的发动机舱、车身中部的乘员舱和后部的行李舱。

现代汽车的发动机舱不仅是用来安置汽车的发动机、变速器、转向、制动等重要总成部分的，它还肩负着保障安全的重要使命，即当汽车发生意外正面碰撞时，发动机舱会折曲变形以吸收碰撞产生的巨大能量，从而减少碰撞对车内人员的猛烈冲击，起到保护车内乘员的作用。

车身中部的乘员舱因设计坚固、刚性大的特点，在遇到碰撞和翻滚的冲击时车厢变形就小，从而防止车门在运动中自行打开甩出乘客，减小乘员因车厢变形挤压而导致的危险，并有利于车祸后乘员顺利打开车门逃生。后行李舱不仅要负责行李的放置，它还肩负着降低后车追尾所导致伤害的功能。三厢式轿车中间高两头低，从侧面看前后对称，造型美观大方。三厢式小轿车的缺点是车身尺寸长，在交通拥挤的大城市里行驶及停泊不是很方便。

两厢车的前部与三厢车没有区别，作用也是一样的。不同之处在于这种汽车把后行李舱和乘员舱合为一体，使其成为发动机舱和乘员舱两"厢"。由于两厢式汽车也有独立的前发动机舱，所以它也具有良好的正面碰撞保护性能。两厢车尾部有宽敞的后车门，这使得这种汽车具备了使用灵活、用途广泛的特点，即放倒后排座椅，就可以获得比三厢车大得多的载物空间。

03 辀人

古人制辀的工艺

辀是古代马车另一个重要部件，外力通过辀让马车运动和调整方向。同时，辀也是古代马车结构的主体部分，其用材和制作直接影响马车的品质。本节中，我们可以看到古人是如何制作辀的。

古法今观——中国古代科技名著新编

原典

辋人为辀①。辀有三度②，轴有三理③。国马④之辀，深四尺有七寸；田马⑤之辀，深四尺；驽马⑥之辀，深三尺有三寸。轴有三理：一者，以为嫩⑦也；二者，以为久也；三者，以为利⑧也。轵⑨前十尺，而策⑩半之。凡任木⑪，任正者⑫，十分其辀之长，以其一为之围。衡任者⑬，五分其长，以其一为之围。小于度，谓之无任。五分其轸间，以其一为之轴围。十分其辀之长，以其一为之当兔⑭之围。叄分其兔围，去一以为颈⑮围。五分其颈围，去一以为踵⑯围。

注释

① 辋人：制辀的工官或工匠。辀，车辕。牛车称辕，马车称辀；单根称辀，两根多称辕。

② 三度：三种深浅不同的弧度。

③ 三理：三项质量指标。

④ 国马：国中优良的马。国马包括种马、戎马、齐马、道马等，一般高八尺左右。

⑤ 田马：打猎时用以驾车的马。

⑥ 驽马：能力低下的马。

⑦ 嫩：即美，意为好、善。指车轴的木理均匀无节目。

⑧ 利：轴与毂的配合既滑又密。

⑨ 轵：车厢底前面的横木。

⑩ 策：马鞭。

⑪ 任木：车辆结构中担负重荷的木部件。

⑫ 任正者：车厢下承受重压的木材。正，车厢。

⑬ 衡任者：车衡上两轭之间的木材。

⑭ 当兔：垫在轵与轴垂直相交处的木块，上、下两面呈内凹弧形，以便承辂与含轴。

⑮ 颈：辀颈，辀之前端稍细用以持衡的部位。

⑯ 踵：辀踵，辀之后端承轸的部位。

单辕车

译文

辀人制辀。辀有三种深浅不同的弧度，轴有三项质量指标。国马的辀，深四尺七寸；田马的辀，深四尺；驽马的辀，深三尺三寸。轴有三项指标，第一是木理均匀无节目，第二是木质坚韧，第三是轴与毂配合得既滑又密。辀在轨前的长度为十尺，马鞭的长度为它的一半。凡车上用以担荷的木材，车厢下承受重压的，以辀长的十分之一作为周长。两轭之间的衡，以它的长度的五分之一作为周长。小于这个标准，就不能胜任负载。以两轸之间距离的五分之一作为轴的周长。以辀长的十分之一作为当兔的周长，以当兔周长的三分之二作为辀颈的周长，以辀颈周长的五分之四作为辀踵的周长。

原典

凡揉辀，欲其孙而无弧深①。今夫大车之辕挚②，其登又难；既克其登，其覆车也必易。此无故，唯辕直且无桡③也。是故大车平地既节轩挚④之任，及其登阤，不伏其辕，必绁⑤其牛。此无故，唯辕直且无桡也。故登阤者，倍任者也，犹能以登。及其下阤也，不援其邸⑥，必绪⑦其牛后。此无故，唯辕直且无桡也，是故辀欲颀典⑧。辀深则折，浅则负⑨。辀注则利，准（利准）则久，和则安。辀欲弧而无折，经⑩而无绝，进则与马谋，退则与人谋。终目驰骋，左不楗⑪；行数千里，马不契需⑫；终岁御，衣衽不敝，此唯辀之和也。劝登马力，马力既竭，辀犹能一取焉。良辀环灂⑬，自伏兔不至轨七寸⑭……轨中有灂，谓之国辀⑮。

注释

① 弧深：辀之前部过于弯曲。

② 挚：即轾，车前低后高。意指大车直辕不上曲而低。

③ 无桡：桡，弯曲。无桡，不弯曲。

④ 轩挚：即轩轾，意为轻重，高低。

⑤ 绁：勒颈绝气。

⑥ 邸：即车尾。

⑦ 绪：套车时拴在牛、马股后的革带。

⑧ 颀典：坚韧貌。

⑨ 浅则负：曲辕弧度不够，车体向上仰。

⑩ 经：顺木材的脉理。

⑪ 左不楗：左边的骖马不蹇倦、不驰行艰难。驾辕的四匹马中，靠里边的两匹为服马，靠外侧的两匹为骖马。两骖中，左骖距离御者最近，对行车的各种意图反应最快，出力也最大，因而最受重视。

⑫ 契需：伤蹄，怯懦，马行不利。契，开裂。

⑬ 灂：所涂之漆。

⑭ 七寸："七寸"之后疑有文字脱落。

⑮ 国辀：国家第一流的辀。

译文

凡用火揉蜍，要顺木理，不要过于弯曲。现在大车的直辕较低，上斜坡就比较困难，就是能爬上坡，也容易翻车，这没有别的缘故，只因大车的车辕平直而不桡曲罢了。所以，大车在平地上行驶，前后轻重均匀，高低相称，适于平路。到上坡时，如果没有人压伏前辕，就会

直辕牛车

勒住牛的头颈，这没有别的缘故，只因大车的车辕平直而不桡曲罢了。上斜坡时，虽然加倍费力，倒还是可以爬上去的；到它下坡时，如果没有人拉住车尾，套车时拴在牛股后的革带必勒住牛的后身，这没有别的缘故，只因大车的车辕平直而不桡曲罢了。所以蜍要坚韧，桡曲适度。蜍的弯曲过分，容易折断；弯曲不足，车体必上仰。蜍（的前段弯曲），形如"注星"的连线，行驶利落；蜍（的后段）水平，经久耐用；曲直协调，必能安稳。蜍要弯曲适度而无断纹，顺木理而无裂纹，配合人马进退自如，一天到晚驰骋不息，左边的骖马不会感到疲倦。即使行了数千里路，马也不会伤蹄怯行。一年到头驾车驰驱，也不会磨破衣裳。这就是蜍的曲直调和的缘故啊！（良好的蜍）有利于马力的发挥，马不拉了，车还能顺势前进一小段路。良好的蜍，漆纹如环，蜍的后段近伏兔七寸部分……若轵下蜍上的漆纹仍旧完好，可以称为国家第一流的蜍了。

原典

轸之方也，以象地也；盖之圜也，以象天也。轮辐三十，以象日月也；盖弓二十有八，以象星①也。龙旂九斿②，以象大火③也；鸟旟④七斿，以象鹑火⑤也；熊旗⑥六斿，以象伐⑦也；龟蛇⑧四斿，以象营室⑨也；弧旌枉矢⑩，以象弧⑪也。

注释

①星：指二十八宿，亦称"二十八星"或"二十八舍"。

②龙旂：画蛟龙图纹之旗，古代王侯作仪卫用。斿：旌旗上的飘带或下垂饰物。等级越高，斿数往往越多，但为了分别与四象的某组星数对应，也不尽然。

译文

轸的方形，象征大地；车盖的圆形，象征上天。轮辐三十条，象征每月三十日；盖弓二十八条，象征二十八宿。龙旂饰九斿，象征大火星；鸟旟饰七斿，象征鹑火星；熊旗饰六斿，象征伐星；龟旐饰四斿，象征营室星；弧旌饰枉矢，象征弧星。

古代的车马

③大火：大火星，二十八宿青龙七宿的心宿二，附近有尾宿九星。

④鸟旟：绘有鸟隼图像的旗。

⑤鹑火：鹑火星，二十八宿朱鸟七宿的柳宿。东南有星宿七星。

⑥熊旗：绘有熊、虎图像的旗。

⑦伐：古星名，二十八宿白虎七宿中的参宿的附座，有星三颗，合参宿中三大星共六星。

⑧龟蛇：上画龟、蛇的旗。

⑨营室：古星名，二十八宿玄武七宿的室宿。室宿两星与壁宿两星共四星，这四星在早期曾合称为营室。

⑩枉矢：矢名，利火射，结火射敌像流星。枉矢亦为星名。

⑪弧：古星名，又名"天弓""弧矢"，属井宿，位于天狼星东南。

古代二十八星宿的来源

我国古代天文学家把天空中可见的星分成二十八群，叫作二十八宿，其中又将二十八宿细分为四组，称为四象、四兽、四维、四方神，每组各有七个星宿。最初这是古人为比较太阳、太阴、金、木、水、火、土的运动而选择的二十八个星宿，作为观测时的标记。"宿"的意思和黄道十二宫的"宫"类似，是星座表之意，表示日月五星所在的位置。到了唐代，二十八宿成为二十八个天区的主体，这些天区仍以二十八宿的名称为名。作为天区，它和三垣的情况不同，二十八宿主要是为了区划星宿的归属。

二十八宿的名称，自东向西排列为：东方苍龙七宿（角、亢、氐、房、心、尾、箕）；北方玄武七宿（斗、牛、女、虚、危、室、壁）；西方白虎七宿（奎、娄、胃、昴、毕、觜、参）；南方朱雀七宿（井、鬼、柳、星、张、翼、轸）。

印度、波斯、阿拉伯等国古代也有类似我国二十八宿的说法。

04 攻金之工

古代冶金技术

中国冶金史上的一个最突出的特点，是铸造技术占有重要的地位，以至于铸造既作为成形工艺而存在，又成为冶炼工序中的一个组成部分，达到了「冶」与「铸」密不可分的地步。因此在古代文献中往往是冶铸并称，并对中国文化产生了深刻的影响。如常用词汇「模范」「范围」「陶冶」「就范」等，都是由冶铸技术衍生而来的。本节不仅记录了冶金官员的职责，还介绍了冶金中金属的含量。从文中可以看出我国古代冶金技术是十分高超的。

原典

攻金之工，筑氏执下齐[①]，冶氏执上齐，凫氏为声[②]，栗氏为量[③]，段氏为铸器[④]，桃氏为刃。金有六齐[⑤]：六分其金而锡[⑥]居一，谓之钟鼎之齐；五分其金而锡居一，谓之斧斤之齐；四分其金而锡居一，谓之戈戟之齐；三分其金而锡居一，谓之大刃之齐；五分其金而锡居二，谓之削杀矢[⑦]之齐；金、锡半，谓之鉴燧之齐[⑧]。

铜 镜

注释

①齐：通"剂"。冶铸青铜时，先要调剂。调剂就是根据所铸器物的不同要求，配调铜、锡、铅等金属的适当比例。含锡（包括铅）较多的青铜合金配剂称为下齐，含锡（包括铅）较少者为上齐。

②凫氏为声：凫氏制作乐器。

③栗氏为量：栗氏制作量器。

④段氏为铸器：段氏的条文已阙。铸器泛指金属农具。

鼎

⑤ 金有六齐：即各种青铜器物的原料的六种配比。

⑥ 锡："金有六齐"中的"锡"，除锡外，还包括铅在内。

⑦ 杀矢：用于近射田猎之箭。

⑧ 鉴燧之齐：鉴，铜镜；燧，阳燧，即凹面镜。

译文

冶金的工官：筑氏掌管下齐，冶氏掌管上齐，凫氏制作乐器，栗氏制造量器，段氏制作农具，桃氏制造兵刃。青铜有六齐，金（铜）与锡的比例为六比一的，叫作钟鼎之齐；五比一的，叫作斧斤之齐；四比一的，叫作戈戟之齐；三比一的，叫作大刃之齐；五比二的，叫作削、杀矢之齐；二比一的，叫作鉴燧之齐。

现代冶金技术

现代冶金技术主要分为三类，即火法冶金、湿法冶金和电热冶金。火法冶金是在高温条件下进行的冶金过程。矿石或精矿中的部分或全部矿物在高温下经过一系列物理化学变化，生成另一种形态的化合物或单质，分别富集在气体、液体或固体产物中，达到所要提取的金属与脉石及其他杂质分离的目的。实现火法冶金过程所需的热能，通常是依靠燃料燃烧来供给，也有依靠过程中的化学反应来供给的。火法冶金包括干燥、焙解、焙烧、熔炼、精炼、蒸馏等过程。

湿法冶金是在溶液中进行的冶金过程。湿法冶金温度不高，一般低于 100℃，现代湿法冶金中的高温高压过程，温度也不过 200℃ 左右，极个别情况温度可达 300℃。湿法冶金包括：浸出、净化、制备金属等过程。

电冶金是利用电能提取金属的方法。根据利用电能效应的不同，电冶金又分为电热冶金和电化冶金。

其中，电热冶金是利用电能转变为热能进行冶炼的方法。在电热冶金的过程中，按其物理化学变化的实质来说，与火法冶金过程差别不大，两者的主要区别是冶炼时热能来源不同。

而电化冶金则是利用电化学反应，使金属从含金属盐类的溶液或熔体中析出。前者称为溶液电解，后者称为熔盐电解，不仅能利用电能的化学效应，而且可以利用电能转变为热能，借以加热金属盐类使之成为熔体。

从矿石或精矿中提取金属的生产工艺流程，常常是既有火法过程，又有湿法过程，即使是以火法为主的工艺流程，最后还需要有湿法的电解精炼过程；而在湿法炼锌中，硫化锌精矿还需要用高温氧化焙烧对原料进行炼前处理。

05 筑氏、冶氏、桃氏

古代三位工匠的手艺

本节介绍了筑氏、冶氏和桃氏三位工匠的手艺：削、矢和剑的高超制作技艺。这三个人可能是当时有名的工匠，所以，《考工记》才以他们为例。同时，也介绍了制作高品质削、矢和剑的诀窍——古代高超的冶金技术就体现出来了。

原典

筑氏为削①。长尺博寸，合六而成规。欲新而无穷，敝尽而无恶②。

冶氏为杀矢。刃长寸，围寸，铤③十之，重三垸④。戈广二寸，内倍之，胡三之，援四之。已倨⑤则不入，已句⑥则不决。长内则折前，短内则不疾。是故倨句⑦外博。重三锊⑧。戟广寸有半寸，内三之，胡四之，援五之。倨句中矩。与刺重三锊。

桃氏为剑，腊⑨广二寸有半寸，两从⑩半之。以其腊广为之茎⑪围，长倍之，中其茎，设其后⑫。叁分其腊广，去一以为首⑬，广而围之。身长五其茎长，重九锊，谓之上制，上士⑭服之。身长四其茎长，重七锊，谓之中制，中士服之。身长三其茎长，重五锊，谓之下制，下士服之。

注释

① 筑氏为削：筑氏除制削外，大概还制造与削有关的其他器具。

② 敝尽而无恶：（锋锷）磨损到头了，（材质依然如故），不见瑕恶，不卷刃。敝，坏，磨损，破旧。恶，瑕恶。

③ 铤：即箭镞，箭头装入箭杆的部分。

④ 垸：重量单位。

⑤ 倨：钝角。

⑥ 句：锐角。

⑦ 倨句：即角度。

⑧ 锊：重量单位。

⑨ 腊：两面刃。

⑩ 从：剑身上隆起剑脊，从指剑脊至剑刃的部分。

⑪ 茎：剑柄。

⑫ 后：指剑茎（即剑柄）上的环状凸起（箍）。剑柄上还缠有丝、麻制品，便于握持。

⑬ 首：剑茎的圆盘状尾部。

⑭ 上士：身材高大的士。下文的"中士"指中等身材的士，"下士"指身材较矮的士。

箭　镞

译文

筑氏制削。长一尺，阔一寸，六把削恰好围成一个正圆形。要锋利得永远像新的一样，虽然锋锷磨损到头了，（材质依然如故），不见瑕恶，不卷刃。

冶氏制作杀矢。箭镞长一寸，周长一寸，铤一尺，重三垸。戈宽二寸，内长是它的二倍（即四寸），胡长是它的三倍（即六寸），援长是它的四倍（即八寸）。援和胡之间的角度太钝，战斗时不易啄人；这个角度太锐，实战时不易割断目标；内加长的话，则容易折断援；内太短的话，使用起来攻势不猛；所以援应横出微斜向上。戈重三锊。戟宽一寸半，内长是它的

"滕侯昊" 青铜戈

矛头

三倍（即四寸半），胡长是它的四倍（即六寸），援长是它的五倍（即七寸半）。援与胡纵横成直角。包括（头上的）刺在内，全戟共重三锊。

桃氏制剑，两边刃间阔二寸半，自中央隆起的剑脊至两刃的距离相等，各为一又四分之一寸。以两边刃间的阔作为剑柄的周长，剑柄的长度是其周长的两倍，剑茎上环状凸起的箍分布在剑柄中部。以两边刃间宽的三分之二作为圆形剑首的直径。剑身的长度是柄长的五倍，剑重九锊，称为上制剑，供上士佩用。剑身的长度是柄长的四倍，剑重七锊，称为中制剑，供中士佩用。剑身的长度是柄长的三倍，剑重五锊，称为下制剑，供下士佩用。

剑也分"文武"

剑有文剑和武剑之分，剑首部分系有剑穗的是"文剑"的标志，文剑主要用于仪仗和文人墨客佩戴，多作装饰。其剑穗常用丝、棉等材料制成，颜色以红、黄、蓝、棕色为主。而且剑穗在近现代剑术套路中有长穗与短穗之分。剑穗用在表演中，可以突显剑舞流苏的尚武英姿；用在实战中可以扰乱对方视线，并且可以缠绕在手上或缠绕对方兵器，还可以抓住剑穗把剑飞出去使用。不系剑穗的称"武剑"，这种剑才是用于武拼的。

06 凫氏

古代钟的制作工艺

钟在古代不仅是乐器，还是地位和权力象征的礼器。王公贵族在朝聘、祭祀等各种仪典、宴飨与日常燕乐中，广泛使用着钟乐。我国古代劳动人民通过世代相传的长期生产实践，创造了具有我国民族特色的传统铸造工艺。其中特别是泥范、铁范和熔模铸造最重要，称古代三大铸造技术。本节不仅是介绍如何铸造一口钟，更是介绍如何铸造一口高品质的钟——从文中可以看出，中国古人已经掌握了铸钟技术的精髓。

原典

亀氏为钟①。两栾谓之铣②，铣间谓之于③，于上谓之鼓，鼓上谓之钲④，钲上谓之舞，舞上谓之甬⑤，甬上谓之衡⑥，钟县谓之旋⑦，旋虫⑧谓之幹，钟带谓之篆⑨，篆间谓之枚⑩，枚谓之景⑪，于上之攠谓之隧⑫。十分其铣，去二以为钲。以其钲为之铣间⑬，去二分以为之鼓间⑭。以其鼓间为之舞修，去二分以为舞广。以其钲之长为之甬长，以其甬长为之围。叁分其围，去一以为衡围⑮。叁分其甬长，二在上，一在下，以设其旋。薄厚之所震动，清浊⑯之所由出，侈弇之所由兴，有说。钟已厚则石，已薄则播，侈则柞，弇则郁，长甬则震。是故大钟十分其鼓间，以其一为之厚；小钟十分其钲间⑰，以其一为之厚。钟大而短，则其声疾而短闻；钟小而长，则其声舒而远闻。为遂，六分其厚，以其一为之深而圜之。

注释

① 钟：是我国古代的重要乐器，被视为众乐之首。"钟鸣鼎食"是王公贵族权势地位的重要标志。成套演奏的一组钟叫编钟，一组之中钟数没有严格的规定，随乐律的进步呈增加趋势。

② 铣：钟呈合瓦式，有两角。

③ 于：钟口两角之间的钟唇。

④ 钲：钟体正面偏上处。

⑤ 甬：钟柄。

⑥ 衡：钟柄上端面。

⑦ 旋：钟柄上悬钟之环。

⑧ 旋虫：钟纽。旋为悬钟之环，其衔环之纽以虫为饰，或铸为兽形，故称为旋虫。

⑨ 篆：钟带，即钲上所铸的纹饰。

⑩ 枚：即钟乳，一般每钟三十六枚。枚不仅是一种装饰，而且它的存在构成了分音、高频

铜钟

小单元的负载，对高频部分有加速衰减的作用，使音色更为优美。

⑪景：高凸。

⑫隧：也称"遂"，钟腔内从钟口延伸至钲部下缘处呈凹状的为隧，呈突起状的为音脊，供磨错调音之用。

⑬铣间：两铣相距之数，即钟口的最大的口径。

⑭鼓间：两鼓间的距离，即钟口的小径。

⑮衡围：衡的周长。

⑯清浊：清，音调较高；浊，音调较低。

⑰钲间：鼓上钲与舞相接处两钲间的距离，即舞广。

甬　钟

译文

凫氏制钟。两栾称为铣，铣间的钟唇叫作于，于上受击的地方叫作鼓，鼓上的钟体称为钲，钲上的钟顶叫作舞，舞上的钟柄叫作甬，甬的上端面叫作衡，悬钟的环状物叫作旋，旋上的钟纽叫作幹，钲上的纹饰叫作篆，篆间的钟乳叫作枚，枚又叫作景。于上磨错的部位叫作隧。以钟体铣长的五分之四作为钲长，以钲长作为两铣之间的距离。以铣长的五分之三作为两鼓之间的距离。以两鼓之间的距离作为舞的纵长，以铣长的五分之二作为舞的横宽。以钲长作为甬长，以甬长作为它的周长，以甬的周长的三分之二作为衡的周长。在甬部近下端的三分之一处设置钟环。钟的厚薄，与振动频率有关；钟声清浊，也因它而来；钟口的侈大或弇狭，都是受它的影响；这些是可以解释的。钟壁过厚，犹如击石，声音不易发出；钟壁太薄，钟声响而播散；若钟口侈大，则声音大而外传，有喧哗之感；若钟口弇狭，声音就抑郁不扬。如果钟甬太长，钟声发颤。所以大钟以钟口两鼓之间距离的十分之一作为壁厚，小钟以钟顶两钲之间距离的十分之一作为壁厚。钟体大而短，钟声急疾消竭，传播距离近；钟体小而长，发声舒缓难息，传播距离远。作遂，当为弧形，深度等于壁厚的六分之一。

曾侯乙编钟

曾侯乙编钟于 1978 年在中国湖北省随县（今随州市）曾侯乙墓出土，现存湖北省博物馆。出土后的编钟是由 65 件青铜编钟按 3 层 8 组组成的庞大乐器。上层 3 组为钮钟，19 件；中层 3 组为甬钟，33 件，分短枚、无枚、长枚三式；下层为两组大型长枚甬钟，12 件，另有镈 1 件；中间及下层的也称为甬钟。最大的 1 件通高 152.3 厘米，重 203.6 公斤；最小的 1 件通高 20.2 厘米，重 2.4 公斤，在演奏中能起定调作用。其音域跨五个半八度，

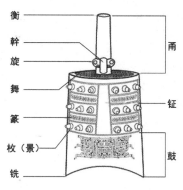

甬钟各部位名称对照图

十二个半音齐备，它高超的铸造技术和良好的音乐性能，改写了世界音乐史，被中外专家、学者称之为"稀世珍宝"。

曾侯乙编钟总量重达 5 吨，是国内出土的最大的青铜编钟。钟上大多刻有铭文，上层 19 枚钟的铭文较少，只标示着音名，中下层 45 枚钟上不仅标着音名，还有较长的乐律铭文，详细地记载着该钟的律名、阶名和变化音名等。这些铭文，便于人们敲击演奏。曾侯乙编钟是我国迄今发现数量最多、保存最好、音律最全、气势最宏伟的一套编钟。

曾侯乙编钟

07 栗氏、段氏（阙）

古代量器制作工艺

中国古量器的起源很早，新石器时代遗址中就有许多陶罐、陶钵之类的容器。由于当时还没有文字，无法确证这些器物的具体使用范围。但根据原始人群分配方法，可以设想当时有某些器物是用作统一分配的专用器具，这些容器应该是量器的前身。本节以制作量器的工匠栗氏和段氏为例，介绍了量器的制作工艺。

原典

栗氏为量。改煎金、锡则不耗[1]，不耗然后权之[2]，权之然后准之，准之然后量之，量之以为鬴[3]。深尺，内方尺而圜其外，其实[4]一鬴。其臀[5]一寸，其实一豆[6]。其耳三寸，其实一升。重一钧[7]。其声中黄钟之宫[8]。槩而不税[9]。其铭曰："时文思索，允臻其极，嘉量[10]既成，以观四国，永启厥后，兹器维则。"凡铸金之状，金与锡，黑浊之气竭，黄白次之；黄白之气竭，青白次之；青白之气竭，青气次之，然后可铸也。

段氏（阙）……

釜

注释

① 改煎金、锡则不耗：改煎，更番冶炼，提纯原料。不耗，杂质去净，不再耗减。

② 权之：用天平称重量。

③ 鬴：同"釜"，本系姜齐的标准量器，容积为六斗四升。

④ 实：容量。

⑤ 臀：鬴的圈足。

⑥ 豆：先秦量器名，也是容量单位。有大小制之分。

⑦ 钧：重量单位，一钧等于三十斤。

⑧ 宫：我国古代五声音阶和七声音阶之一。五声音阶依次为宫、商、角、徵、羽。

⑨ 槩而不税："槩"同"概"，量粟米等时刮平斗斛的器具，引申为刮平的动作。税，此处为租税。

⑩ 嘉量：古代标准量器。

译文

栗氏制造量器。更番冶炼铜、锡，直到（杂质去尽，十分精纯）不再耗减为止。然后称出所需数量的铜、锡，再依次经过"准之"和"量之"两个工艺过程，铸成为鬴。鬴的主体是一个圆筒形，深一尺，底面是边长为一尺的正方形的外接圆，它的容积是一鬴。圈足深一寸，它的容积是一豆。两侧的鬴耳，深三寸，它的容积是一升。鬴重一钧，它的声律与黄钟宫相符。以概平鬴，用途在于校准量器而非收税。鬴上的铭文说："时文思索，允臻其极。嘉量既成，以观四国。永启厥后，兹器维则。"（文德之君，为民思索，创制量器，信用卓著。标准量器，制造成功，颁示四方，仿制使用。永传后世，教训子孙，遵行此器，守为法则。）冶铸青铜的情状：以铜与锡为原料，初炼时会冒出黑浊之气；黑浊之气没有了，接着冒出黄白之气；黄白之气不见了，接着冒出青白之气；青白之气没有了，剩下的全是青气，这时就可以开始浇铸了。

段氏（缺失）……

青铜豆

世界计量日

计量在我国已有近 5000 年的历史。过去，计量在我国称为"度量衡"，其原义是关于长度、容量和质量的测量，其主要的计量器具是尺、斗、秤。

秦始皇统一度量衡，对度量衡计量器具加以定型化和制度化，促进了计量器具的规范化和标准化，从而奠定了我国古代计量科学技术的基础。

随着社会的发展和科学技术的进步，它的概念和内容也在不断扩展和充实，远远超出"度量衡"的范畴。如今的计量，是支撑社会经济和科技发展的重要基础。现代计量包括科学计量、法制计量和工程计量。科学计量是研制和建立计量基本的标准装置，提供量值传递和溯源的依据；法制计量是对关系国计民生的重要计量器具和商品计量行为依法进行监管，确保相关量值的准确性；工程计量是为全社会其他测量活动进行量值溯源提供计量校准和检测服务的。

为了保证国际计量标准的统一、促进国际贸易和加速科技发展，1875 年 5 月 20 日，17 个国家在法国巴黎签署了"米制公约"，这是一项在全球范围内采用国际单位制和保证测量结果一致的政府间协议。1999 年，第二十一届国际计量大会把每年的 5 月 20 日确定为"世界计量日"。

08　函人

古代皮甲制作工艺

古法今观——中国古代科技名著新编

本节内容主要介绍了皮甲的制作工艺。文中列举了三种皮甲，即犀甲、兕甲和合甲的组成及使用年限，详细叙述了制甲首先要度量人的形体，再制作模型和模具，最后进行裁剪、压制的制作流程。中国古代冷兵器战争中绝大部分是步兵，步兵基本是近身作战，武器基本以长刀、长矛为主，穿笨重的盔甲不适宜活动，皮甲基本可以防御一定的砍、刺攻击（因为不是马上作战，冲击力较小），所以，随着皮甲制作工艺的发展，皮甲广泛用于军队装备。

原典

函人为甲①。犀甲②七属，兕甲③六属，合甲④五属。犀甲寿百年，兕甲寿二百年，合甲寿三百年。凡为甲，必先为容⑤，然后制革。权其上旅⑥与其下旅⑦，而重若一。以其长为之围。凡甲，锻不挚⑧则不坚，已敝则桡。凡察革之道：眂其钻空⑨，欲其惌⑩也；眂其里，欲其易⑪也；眂其朕⑫，欲其直也；橐⑬之，欲其约也；举而眂之，欲其丰也；衣之，欲其无齘⑭也。眂其钻空而惌，则革坚也；眂其里而易，则材更也；眂其朕而直，则制善也。橐之而约，则周也；举之而丰，则明也；衣之无齘，则变⑮也。

注释

①甲：皮甲。殷商时期的皮甲尚是整片型的，后来发明了连缀大小不同的革片制成的皮甲，穿着利便，防护性能好。春秋战国之际车战风行之时，是皮甲胄的黄金时代。

②犀甲：犀皮所制的甲。犀，犀牛，吻上有一或两角，皮厚而韧，可以制盾、甲和其他用品。

③兕甲：兕皮所制的甲。兕，兽名，皮坚厚可以为甲。一说是与犀相似的一种兽，一说即雌犀，还有一说是野牛。未有定论。

④合甲：削去残留在皮革表皮内侧的肉质部分，取两张表皮，合以为甲。

⑤容：模型和模具。设计甲胄的时候，先要做个与实体大小相当的模型，采用样板下料，每种甲片制造成形都有个体模型和专用的模具。

⑥上旅：每件皮甲分为上旅和下旅，甲之腰以上部分为上旅。

⑦下旅：甲之腰以下部分（即甲裳）。

⑧挚：精致、周到。

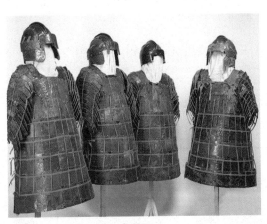

皮甲

⑩ 窓：小孔一样的。

⑪ 易：修治平滑、细致。

⑫ 朕：皮甲缝合之处。

⑬ 囊：盛衣甲或弓箭之囊。

⑭ 齵：比喻物体相接的地方参差不密合。

⑮ 变：皮甲在身，屈伸自如，无不便感觉。

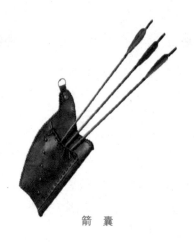

箭　囊

译文

　　函人制造皮甲。犀甲以七组革片连缀而成，兕甲以六组革片连缀而成，合甲以五组革片连缀而成。犀甲可以用一百年，兕甲可以用二百年，合甲可以用三百年之久。凡制甲，必先量度人的体形，制作模型和模具，然后裁剪、压制革片，要使上身和下身革片的重量一致，以甲长作为腰围。甲的革片如果敲打不细致，那就不坚牢，敲打过度，革理敝伤，那就会桡曲。观察革甲的要领是：看看连缀革片穿线的针孔，愈小愈好。看看革片里子，以修治滑润细致为佳。看看缝合的甲缝，一定要顺直。卷放入甲囊内时，要易于收放，体积小；提举在手里看时，要显得宽大；穿到身上，要整齐合身。看起来连缀革片所穿的针孔小，革片一定很坚牢。革里滑润细致，品质一定很优良。甲缝笔直，那么做工必定很考究。卷放在甲囊里易于收放体积小，甲一定很顺妥密致。提举在手里看起来宽大丰满，甲一定光泽均一。穿着合身，举止一定很便利。

我国古代各个朝代的皮甲对比

　　商代铠甲多为皮甲和布甲，覆盖身体的重要部位，就防御力来说是比较差的。

　　西周武士身着的"练甲"大多以缣帛夹厚绵制作，属布甲范畴。

　　在战国初期至前后期，将士普遍用牛皮甲、硬藤甲，从中期开始，出现了铁甲及金属铠甲。

　　西汉时期，铁制铠甲开始普及，并逐渐成为军中主要装备，这种铁甲当时称为"玄甲"。

　　唐代胄甲，主要是铁甲和皮甲。除铁甲和皮甲之外，唐代铠甲中比较常用的还有绢布甲。

五代时期铠甲重又全用甲片编制，形制上变成两件套装，即披膊与护肩联成一件、胸背甲与护腿连成另一件，以两根肩带前后系接，套于披膊护肩之上。

北宋的步人甲由铁质甲叶用皮条或甲钉连缀而成，属于典型的札甲。

辽代铠甲，主要采用唐末五代和宋的样式，以宋为主。除用铁甲外也使用皮甲。

西夏武士所穿铠甲为全身披挂，盔、披膊与宋代完全相同，身甲好像两裆甲，长及膝上，还是以短甲为主。

金代早期的铠甲只有半身，下面是护膝；中期前后，铠甲很快完备起来，铠甲都有长而宽大的腿裙，其防护面积已与宋朝的相差无几，形式上也受北宋的影响。

元代铠甲有柳叶甲、铁罗圈甲等。铁罗圈甲内层用牛皮制成，外层为铁网甲，甲片相连如鱼鳞，箭不能穿透，制作极为精巧。另外还有皮甲、布面甲等。

明代军士服饰有一种胖袄，其颜色为红，所以又称"红胖袄"。将官所穿铠甲，也以铜铁为之，甲片的形状，多为"山"字纹，制作精密，穿着轻便。兵士则穿锁字甲，在腰部以下还配有铁网裙和网裤，足穿铁网靴。

清代铠甲分甲衣和围裳。甲衣肩上装有护肩，护肩下有护腋。另在胸前和背后各佩一块金属的护心镜，镜下前襟的接缝处另佩一块梯形护腹，名叫"前挡"。腰间左侧佩"左挡"，右侧不佩挡，留作佩弓、箭囊等用。围裳分为左、右两幅，穿时用带系于腰间。在两幅围裳之间正中处，覆有质料相同的虎头蔽膝。

秦代的盔甲

秦代的盔甲

战国的盔甲

清朝的盔甲

09　鲍人

古代皮革的制作工艺

本节内容讲的是鞣制韦革的工人的工作。中国人常说，『三个臭皮匠，顶个诸葛亮。』这里的『皮匠』，指的就是皮革制作工匠——鲍人。古代常见的皮革制品有箭囊、马鞍、水袋等。从本节中可以看出，我国古代鲍人的手艺已经到了炉火纯青的地步。

古法今观——中国古代科技名著新编

考工记

原典

鲍人①之事。望而眡之，欲其荼白②也；进而握之，欲其柔而滑也；卷而抟③之，欲其无迆④也；眡其著⑤，欲其浅也；察其线，欲其藏也。革欲其荼白而疾，澣⑥之则坚；欲其柔滑而脂，脂之则需⑦，引而信之，欲其直也。信之而直，则取材正也；信之而枉，则是一方缓、一方急也。若苟一方缓、一方急，则及其用之也，必自其急者先裂。若苟自急者先裂，则是以博为帴⑧也。卷而抟之而不迆，则厚薄序也；眡其著而浅，则革信也；察其线而藏，则虽敝不甐⑨。

弓 囊

注释

① 鲍人：鞣治皮革的工官或工匠。

② 荼白：与茅草的花一样白。荼，茅草的白花。

③ 抟：把东西卷紧。

④ 迆：斜。

⑤ 著：缝合两皮相附着之处。

⑥ 澣：洗涤。

⑦ 需：通"软"，柔软。这句话是指制革生产的整理工序中上油和揉软工序。经过整理，"革"就具有弹性、丰满、柔软、延伸、抗水、透气和吸湿的性能，革面细致平滑而清晰，色调、光泽均一而美观。

⑧ 帴：狭。

⑨ 甐：损伤韦革中的线缕。

译文

鲍人的工作。（鲍人鞣制的韦革），远看颜色要荼白；走近用手握捏要觉得柔软、平滑；把它卷紧，两边要齐正不斜；再看两皮相缝合的地方，一定要浅狭；察看缝合的线，一定要藏而不露。韦革的颜色要呈荼白，富有弹性，渗进鞣剂，那就会很坚牢的了。韦革要十分柔滑、润泽，涂上油脂，那就会很柔软的了。把它拉伸开来很平直，那是裁取的革理齐正之故。如果伸展开来歪斜而不平直，必定是一边太松，一边太紧。如果一边太松，一边太紧，那么到了使用的时候，一定从绷得太紧的地方先发生断裂。如果从太紧的地方先发生断裂，（不得不剪除），这样阔革只能当狭革使用了。把革卷紧而不歪斜，它的厚薄就是均匀的。看上去两皮缝合的地方浅狭，革就不易伸缩变形。细看时接合韦革的缝线不露出来，韦革虽然用得破旧了，缝线也不会损伤。

皮雕马鞍

酒囊

古代的皮靴

制革工人易患的职业病

即使在现代，有时也会由于原料检疫不严而出现带有炭疽杆菌或布氏杆菌的情况，因而制革工人在作业过程中常可引发职业性传染病，主要有布氏杆菌病和炭疽病。

布氏杆菌病简称布氏病，是一种人畜共患的传染病，主要由工人接触患病的动物，如绵羊、山羊、猪、牛等的皮肤、黏膜及消化道分泌物而感染。病原体是布氏杆菌，感染后一般1~3周发病。急性期主要表现有：典型的波浪形发热，多汗，关节痛，男性睾丸炎或附睾炎，女性卵巢炎、流产、神经痛等。且本病易复发，呈慢性病程，治疗应以抗生素和特异脱敏疗法为主。

炭疽也是皮革人员常见的职业病。它是由炭疽杆菌引起的急性传染病，也属人畜共患的一种疾病。人主要因直接或间接接触患病动物，如羊、牛、马等而感染。多见于暴露部位，如颈、手等，感染部位会出现丘疹、斑疹、水泡，继之溃疡，坏死结痂，可伴有发热。

10 韗人、韦氏（阙）、裘氏（阙）

古代制鼓工艺

在远古时期，鼓被尊奉为通天的神器，主要是作为祭祀的器具。最早的鼓应该是由远古的先民使用的陶罐、陶盆等生活用具所演化而来，早在距今七千年前的新石器时代就已经开始有了陶鼓的制造。按《周礼》规定：「六鼓」的鼓名与用途是：雷鼓，鼓神祀；灵鼓，鼓社祭；路鼓，鼓鬼飨；鼖鼓，鼓军事；皋鼓，鼓役事；晋鼓、鼓金奏。

本节讲述了鼖鼓、皋鼓（二者都是指大鼓）的制作工艺，结构比较简单，是由鼓皮和鼓身两部分组成。现在也有专门做鼓的工匠，但随着时代的发展，从事这门手艺的匠人越来越少。

原典

鞞人为皋陶①。长六尺有六寸，左、右端广六寸，中尺，厚三寸，穹者②三之一，上三正③。鼓长八尺，鼓四尺，中围加三之一，谓之鼖鼓④。为皋鼓，长寻有四尺，鼓四尺，倨句磬折。凡冒鼓⑤，必以启蛰⑥之日。良鼓瑕如积环。鼓大而短，则其声疾而短闻；鼓小而长，则其声舒而远闻。

韦氏⑦（阙）……

裘氏⑧（阙）……

注释

① 皋陶：此处泛指鼓架。"皋陶"之后疑有脱文。

② 穹者：穹窿形鼓腹之高。

③ 三正：三折平分鼓木之长，分别为穹及两端，每段皆平直而不弧曲。正，平直。

④ 鼖鼓：古代军中所用的大鼓。

⑤ 冒鼓：用皮革蒙鼓面。

⑥ 启蛰：节气名。虫类冬日蛰伏，至春复出，叫作"启蛰"。启蛰在战国时成为新创的二十四节气之一，汉代改启蛰为惊蛰。

⑦ 韦氏：五种治皮工官（或工匠）之一，可能专治揉熟的韦革。

⑧ 裘氏：五种治皮工官（或工匠）之一，可能负责制造毛绒向外的裘皮服装。

虎座鸟架鼓

译文

鞞人制鼓。（……鼓，每条鼓木）长六尺六寸，左右两端阔六寸，当中阔一尺，板厚三寸，中央穹窿的高度为鼓面直径的三分之一，将鼓木平分为三段，每段板面平直。鼓长八尺，鼓面直径四尺，鼓腹直径比鼓面直径多三分之一，称为鼖鼓。制作皋鼓，长一丈二尺，鼓面直径四尺，鼓腹向两端屈曲所成的钝角等于一磬折。凡蒙鼓，必定要在启蛰那天。制作精良的鼓，鼓皮上的纹理呈很多（同心）环形。鼓大而短，声调高而急促，传得不远。鼓小而长，声调低而舒缓，传得较远。

　　韦氏（缺失）……

　　裘氏（缺失）……

鼓

牛皮战鼓

现代鼓的制作流程

　　鼓的制作在现代来看，是较为简单的。制作鼓时，要经过制鼓身、蒙皮和涂漆三个阶段。以大鼓为例，先将木料按鼓身高度和弧度锯截成若干个长条形鼓梆，然后经过长期自然干燥或人工干燥后即可拼缝胶合成鼓框。待胶粘结牢固后，再将整个鼓身刮刨或车削光洁圆滑，修好蒙皮两端的鼓口，10 寸以上的鼓，要在两端的鼓口里面附上用竹片做的加固圈。然后在鼓身外面中部，钉上串有鼓泡的鼓环。

　　蒙皮前，要预先将鞣制好的皮子，剪裁成大于鼓面直径的圆块，用水浸软，在皮面四周割出小孔安以金属钩，将皮面置于鼓口上，用绳索拉紧金属钩，鼓皮也就绷紧了。不论蒙什么鼓的鼓皮，鼓口周围都不涂胶鳔，而是用鼓钉将皮边钉牢，最后再把多余的皮子切裁下去即成。除八角鼓或达卜蒙以蟒皮外，其他鼓都蒙以牛、羊、骡、马皮。

　　涂漆，除少数的鼓，如板鼓、达卜外，绝大多数的鼓都涂以朱红色的漆，但也有极少数漆成黑色或绿色。涂漆的目的除了美观，更主要是为了保护鼓身。

11 画缋

古代调色的方法

画缋是指在织物或服装上用调匀的颜料或染液进行描绘图案的方法。画缋工艺早在周代就已使用，周代帝王服饰就是使用这种工艺。周朝诸侯、卿、大夫、士等不同等级的官员，服饰上均有各种复杂的图案。

画缋工艺是与刺绣等其他装饰手法共用于服装之上，在《周礼·天官·内司服》《周礼·冬官考工记第六》中都有记载，可见在服装上用手绘进行装饰在周代以前已经出现并得以发展。

古代画缋技法常「草石并用」，本节简要地叙述了这一过程，即先用植物染液染底色，再用彩色矿物颜料描绘图案，最后用白颜料勾勒衬托。

原典

画缋①之事。杂五色。东方谓之青，南方谓之赤，西方谓之白，北方谓之黑，天谓之玄，地谓之黄。青与白相次②也，赤与黑相次也，玄与黄相次也。青与赤谓之文，赤与白谓之章，白与黑谓之黼③，黑与青谓之黻④，五采备谓之绣。土以黄，其象方，天时变，火以圜，山以章⑤，水以龙，鸟兽蛇。杂四时五色⑥之位以章之，谓之巧。凡画缋之事，后素功。

注释

① 画缋：缋，通"绘"，绘画。画缋，设色、施彩，包括绘画和刺绣。

② 次：次序，呼应。

③ 黼：古代礼服上绣或绘的黑白相间如斧形的纹饰（刃白而鐏黑）。

④ 黻：古代礼服上绣或绘的黑青相间如亞形的纹饰（左青右黑）。

⑤ 章：即獐。

⑥ 四时五色：四时皆配其色，春青、夏赤、秋白、冬黑，加上季夏黄，共五色。

古代的画绢

译文

画缋的工作。调配五方正色。东方是青色，南方是赤色，西方是白色，北方是黑色，代表天的是玄色，代表地的是黄色。青色与白色相呼应，赤色与黑色相呼应，玄色与黄色相呼应。青色与赤色相间的纹饰，叫作文；赤色与白色相间的纹饰，叫作章；白色与黑色相间的纹饰，叫作黼；黑色与青色相间的纹饰，叫作黻。五彩齐备，

建筑彩画

叫做绣。画土用黄色，用方形作为地的象征，画天随时节变化而施布不同的彩色。画大火星以圆弧作为象征，画山用獐的犬齿作为象征，画水以龙为象征，鸟、兽、蛇等也是画缋所用的纹饰。适当地调配四时五色使色彩鲜明，这才叫做技巧高超。凡画缋的事情，必须先上彩色，然后再施白粉之饰，以衬托画面之光鲜。

壁　画

古代山水画

绘画体系

油画是用快干性植物油，如亚麻仁油、罂粟油、核桃油等来调和颜料，在画布、亚麻布、纸板或木板上进行制作的一个画种。

当代版画主要指由艺术家构思创作并通过制版和印刷程序而产生的艺术作品，具体说是以刀或化学药品等在木、石、麻胶、铜、锌等版面上雕刻或蚀刻后印刷出来的图画。古代版画是指木刻，也有少数铜版刻，版画独特的刀味与木味使它在中国文化艺术史上具有独立的艺术价值与地位。

抽象国画，是中国绘画中的一种现代画，它具有中国文化元素的最重要特征，是传统中国国画艺术的继承、发扬和升华。

水粉画是用水调和粉质颜料描绘出来的图画。水粉颜色一般不透明，有较强的覆盖能力，可进行细致的刻画。运用得当，能兼具油画的浑厚和水彩画的明快这二者的艺术效果。

壁画是最古老的绘画形式之一，是指绘在建筑物的墙壁或天花板上的图画。分为粗底壁画、刷底壁画和装贴壁画等。我国自周代以来，历代宫室乃至墓室都有饰以壁画的制度；随着宗教信仰的兴盛，又广泛应用于寺观、石窟。

水彩画颜料具有流动性、渗透性强、色泽明快、色域之间互相渗染的特点，可画出灵动的视觉感而不同于水粉画的强烈刺激。

12 钟氏、筐人（阙）

古代染羽技术

中国古代染色用的染料，大都是以天然矿物或植物染料为主。天然染料中使用植物染料为最多，用途也最为普遍。如树皮、树根、枝叶、果实、果壳；花卉的鲜花、干花、花叶、花果；水果的外皮、果实、果汁，及草本植物、中药、茶叶等很多都可以用来染色。矿物类染料如朱砂、赭石、石青等，动物染料如胭脂虫、紫胶虫、墨鱼汁等都是可以用来染色的。

本节主要介绍了古代染羽毛的技术，即将朱砂和丹秋一起放入水中浸泡三个月，用火饮蒸，使之成为稠厚的染浆，再浸染羽毛的这一工序过程。

原典

钟氏染羽[①]。以朱湛丹秫[②]，三月而炽之[③]，淳而渍之[④]。三人为纁[⑤]，五人为緅[⑥]，七人为缁[⑦]。

筐人[⑧]（阙）……

朱砂粉

注释

① 钟氏染羽：钟氏指染羽、丝、帛、布的工官或工匠。羽，鸟的羽毛，主要用来装饰旌旗、盔帽和王后的车子。

② 秫：古代一种有黏性的谷物，具体所指往往因时因地而异。

③ 炽之：用火炊炽。

④ 渍之：浸染。在现代印染工艺中，由于颜料对纤维没有亲和力，常用黏合剂作颜料与纤维之间的媒介。丹秫的淀粉转化为浆糊，就是黏合剂。这种使用黏合剂的染色方法，除染羽外，也可用于染丝、帛和布（麻布、葛布）。

⑤ 纁：浅红色。

⑥ 緅：深青透红的颜色。

⑦ 缁：黑色。

⑧ 筐人：筐人为施色的五种工官或工匠之一，可能为印花工。

朱砂画

译文

钟氏染羽毛。将朱砂和丹秫一起在水中浸泡，三个月后，用火炊蒸，浇淋，直到得到稠厚的染浆，再浸染羽毛。（染缁之法）浸染三次，颜色成浅红色；浸染五次，颜色成深青透红的颜色；浸染七次，颜色成黑色。

筐人（缺失）……

朱砂红

朱砂红、水墨黑是中国传统色彩中很重要的两个颜色。朱砂又称辰砂、丹砂、赤丹、汞沙，是硫化汞（化学名称：HgS）的天然矿石，大红色，有金刚光泽至金属光泽，属三方晶系。为古代方士炼丹的主要原料，也可制作颜料、药剂。用这种颜料染成的红色非常纯正、鲜艳，可以经久不褪。

中国利用朱砂作颜料已有悠久的历史，"涂朱甲骨"指的就是把朱砂磨成红色粉末，涂嵌在甲骨文的刻痕中以示醒目，这种做法距今已有几千年的历史了。红润亮丽的颜色也得到了画家们的喜爱，中国书画被称为"丹青"，其中的"丹"即指朱砂，书画颜料中不可或缺的"八宝印泥"，其主要成分也是朱砂。

长沙马王堆汉墓出土的大批彩绘印花丝织品中，有不少花纹就是用朱砂绘制成的，这些朱砂颗粒研磨得又细又匀，埋在地下时间虽长达 2100 多年，但织物的色泽依然鲜艳无比。《周礼》中就有使用朱砂染羽毛的记载；殷墟墓中有朱砂帛，可见朱砂在远古时期就是我国的主要染料之一，特别是用在丝绸上颜色艳丽。

涂朱甲骨

印满朱印的古代画作

13 幌氏

古代练丝技术

练丝是丝绸生产中最重要的工序之一。练丝技术的好坏对织物的风格和色染影响较大。

我国练丝的历史很早，瑞典纺织史专家西尔凡女士在研究了远东博物馆保存的我国殷代青铜器上丝绸残片后表示：中国人对丝的处理早在殷代就达到了很高的水准。

丝在形成过程中，不可避免地要伴生丝胶和混入一些杂质。这些丝胶和杂质虽然可以在缫丝时去除一部分，但是仍然会有一部分黏附在丝素上。它们的存在会使生丝或坯绸显得粗糙、僵硬。所谓练丝、练帛，就是指进一步地去除丝胶和杂质，使生丝或坯绸更加白净，以利于染色和充分体现丝纤维特有的光泽、柔软光滑的手感、优美的悬垂感。

本节详细地介绍了我国古代用『草木灰浸泡兼日晒法』练丝的过程。虽然工序繁琐，但其利用自然条件达到了当时的练丝技术的最高水平，不得不赞叹古人的勤劳和聪明才智！

古法今观——中国古代科技名著新编

原典

　　㡛氏湅①丝。以涚水②沤其丝，七日。去地尺暴之③。昼暴诸日，夜宿诸井，七日七夜，是谓水湅④。湅帛。以栏⑤为灰，渥淳⑥其帛。实诸泽器，淫⑦之以蜃，清其灰而盝⑧之，而挥之，而沃之，而盝之，而涂之，而宿之，明日沃而盝之。昼暴诸日，夜宿诸井，七日七夜，是谓水湅。

麻 线

麻 布

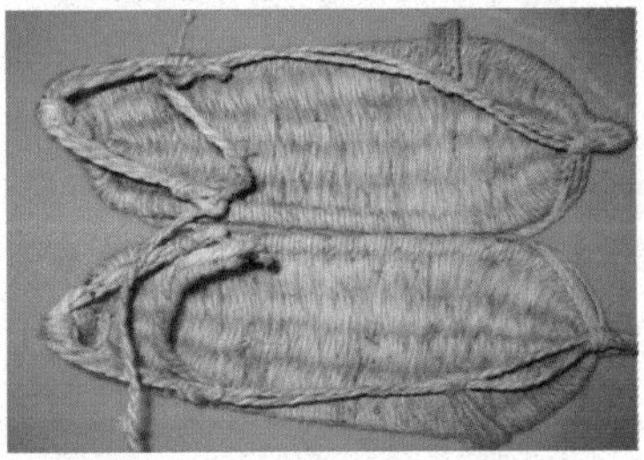

麻 鞋

注释

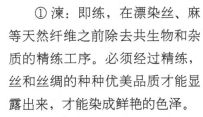

　　① 湅：即练，在漂染丝、麻等天然纤维之前除去共生物和杂质的精练工序。必须经过精练，丝和丝绸的种种优美品质才能显露出来，才能染成鲜艳的色泽。

　　② 涚水：加入了草木灰汁的温水。其中含氢氧化钾，呈碱性。丝胶在碱性溶液里易于水解、溶解。灰水练丝是利用这种性质进行脱胶精练。

　　③ 去地尺暴之：这是利用日光脱胶的漂白的工艺。被暴晒的丝放在高于地面一尺处，是因为这一高度附近的湿度比较合适，有利于日光脱胶漂白。

　　④ 水湅：水练中日光暴晒和水浸脱胶交替进行。每夜将丝悬挂在井水中央，丝能充分与水接触，有利于白天光化分解的产物溶解到井水中去，练的效果十分均匀。同时，井水中可能滋生能分泌蛋白分解酶的微生物，对练丝也有好处。

　　⑤ 栏：即“楝”，楝树。落叶乔木。因楝叶灰水是钾溶液，呈碱性，渗透性较好，所以楝叶是传统的练丝原料。

　　⑥ 淳：即淋，浇灌。渥淳，即浸透、浇透。

　　⑦ 淫：浸淫，浸渍。

　　⑧ 盝：滤去水。

译文

幌氏练丝。把丝浸入到加了草木灰汁的温水中，七日以后，在高于地面一尺处将丝暴晒。每日白天将丝暴晒于阳光下，夜里将丝悬挂在井水里，这样经过七日七夜，叫作水练。练帛，以楝叶烧成灰，制成楝叶灰汁，将帛浇透浸透。放在光滑的容器里，用大量的蚌壳灰水浸泡，沉淀污物。取帛滤去水，抖去污物，再浇水，滤去水，而后涂上蚌壳灰，静置过夜。第二天再在帛上浇水，滤去水，（叫作灰练。）然后，白天暴晒于阳光下，夜晚悬挂于井水中，这样经过七日七夜，叫作水练。

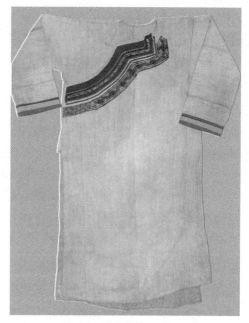

麻布衣服

我国古代练丝方法的种类

我国古代练丝方法除了上述提到的外，还有两种较为常用的方法，一为猪胰煮练法。这种方法可结合草木灰浸泡同时使用。最早记载虽见于唐代人的著作（陈藏器《本草拾遗》，已佚），但比较简略。较详细的记述见成书于明代的《多能鄙事》和《天工开物》。其方法是先以猪的胰脏掺和碎丝线捣烂作团，悬于不受阳光直接暴晒的阴凉处阴干和发酵。用时，切片溶于含草木灰的沸水中，将待练的丝投于其中，煮沸。这是一种碱练、酶练结合的脱胶工艺，碱练是为了加快脱胶速度，提高脱胶效率，而酶练又具有减弱碱对丝的影响，使脱胶均匀，增加丝的光泽等作用。

二为木杵捶打法。这种方法也是结合草木灰浸泡法同时使用的。先以草木灰汁浸渍生丝，再以木杵捶打。生丝经过灰汁浸泡，再以木杵打击时，不仅易于使丝上的丝胶脱落，而且还能在一定程度上防止丝束紊乱，更为重要的是成丝的质量也优于单纯的灰水练，能促使其外观显现明显的光泽。捶捣原理与现代制丝手工艺中"掼经"相同，因此，也可以说这就是现代"掼经"的前身。

卷　下

考工记

古版《考工记》

14 玉人、榔人（阙）、雕人（阙）

古代玉器的制作工艺

中国玉器制作的历史非常悠久，在八千年前，我们的祖先就在磨制石器的过程中逐渐认识了玉这种美丽的石头。在先秦时期，玉器不仅具有审美价值，也可以显示身份，象征财富和权力，用作沟通天人的灵物。秦汉以后，玉器逐渐褪去其炫目的光辉，但仍承载着人们去祸祈福、安康吉祥的美好愿望。因此，中国古代玉器艺术不仅蕴涵着我们民族的心理、意识和情操，这体现出中国人独特的审美意识和高超技艺，同时，还具有体现等级、身份和财富的作用。总而言之，玉器文化是中国古代灿烂文化与艺术的重要组成部分。其高超的制作工艺、鲜明的审美趋向与厚重的文化积淀是世界上独一无二的。

本节向我们介绍了玉人制玉的工序，他们剖璞取玉，琢玉成器，展示了精湛的制玉工艺，创造了独特的玉器艺术之美。

原典

玉人之事，镇圭①尺有二寸，天子守之。命圭②九寸，谓之桓圭，公守之。命圭七寸，谓之信圭，侯守之。命圭七寸，谓之躬圭，伯守之。……天子执冒③四寸，以朝诸侯。天子用全④，上公用龙⑤，侯用瓒⑥，伯用将⑦……继⑧子男执皮帛。天子圭中必⑨。四圭尺有二寸，以祀天。大圭长三尺，杼上，终葵首，天子服之。土圭⑩尺有五寸，以致日⑪，以土地⑫。裸圭⑬尺有二寸，有瓒，以祀庙。琬圭九寸而缫⑭，以象德。琰圭⑮九寸，判规⑯，以除慝⑰，以易行。璧羡⑱度尺，好三寸，以为度。圭璧五寸，以祀日月星辰。璧琮⑲九寸，诸侯以飨天子。谷圭⑳七寸，天子以聘女。

注释

① 镇圭：古代朝聘所用的信物，天子所执，其名称有安抚四方的含义。圭，玉器名，作扁平长条形，下端平直，上端成等腰三角形。

② 命圭：帝王授给诸侯、大臣的玉圭。命圭是册命礼仪中最为重要的瑞器，它是被册命者身份地位的象征，也是被册命者的符信。命圭按不同级别分成桓圭、信圭、躬圭等。

③ 冒：通"瑁"，天子所执用以冒合诸侯之圭的玉器，验其下端与圭之上端是否符合。

④ 全：纯色的玉。

⑤ 龙：当作尨，杂色的玉石。

⑥ 瓒：玉在瓒中占五分之三，是比尨低一档的杂色的玉石。

⑦ 将：当作埒。

⑧ 继：相继，接着。此句之前疑有脱文。

⑨ 必：通"韠"，系物的丝带。

⑩ 土圭：土圭是与表（高八尺）配合，测量地面表影之长的标准玉板。

⑪ 以致日：测量日影。先树立表杆测量日影，定出南北方向。太阳正南时为日中，用土圭度量太阳到正南方时表的影长。一年之中，表影最短的一天是夏至，表影最长的一天是冬至。由此可定一年的季节，得出一

玉琥

回归年的长度；研究两至日的影长，还能推知黄道的倾角。此外，从一天之内表影的方位变化，可以测定时刻。

⑫以土地：以，度，度量。以土地，度量地域。

⑬裸圭：通作"果""灌"，祭名，指用瓒酌郁鬯（一种香酒）灌地。灌祭宗庙和对朝见的诸侯行裸礼用的玉制酒器，其柄用圭，称为圭瓒；裸圭是其柄，也泛指圭瓒。

⑭琬圭：形制（甚至其有无）尚有争议，一般以为是圭之一端或两端浑圆而无棱角者。繅：繅藉，用与玉大小相称的木板作垫板，外面罩以韦衣。

汉代古玉

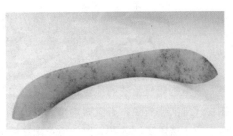

玉 瓒

⑮琰圭：形制（甚至其有无）尚有争议，一般认为是圭之上端成某种尖锐形者。

⑯判规：尚有争论，有待考证。一般释"判"为"半"，释"规"为"圆"。也有人释"规"为雕刻的凸纹。

⑰慝：过差、邪恶。

⑱璧羡：璧，平圆形中心有孔的玉器。古代贵族朝聘、祭祀、丧葬时的礼器，也作装饰品，往往被视为权力或财富的象征。璧边称为"肉"，璧孔称为"好"。

⑲璧琮：有人以为指某一种兼有璧和琮特征的玉器。琮，中为圆筒，外周四方的玉器。

⑳谷圭：古代诸侯用以讲和或聘女的玉制礼器。谷圭的表面可能有纹饰。

译文

玉人的工作。镇圭长一尺二寸，天子执守；长九寸的命圭，叫作桓圭，公执守；长七寸的命圭，叫作信圭，侯执守；长七寸（或五寸）的命圭，叫作躬圭，伯执守；……天子所执的瑁，长四寸，在接受诸侯的朝觐时使用。天子用纯色的玉，上公用杂色的玉石（玉石之比为四比一），侯用质地不纯的玉石（玉石之比为三比二），伯用玉和石各占一半的玉石。……（上公的埒）跟在子男之后觐见，执持皮饰的束帛。天子的圭，系带穿孔在其中央。四圭各长一尺二寸，用以祀天。（天子所搢的）大圭长三尺，自中部向上逐渐削薄，其首形如方椎，天子服用。土圭长一尺五寸，用以测量日影，度量地域。裸礼用的圭瓒长一尺二寸，用以祭祀宗庙。琬圭长九寸，用垫板，（使者执持）用以传达王命、赐有德诸侯。琰圭长九寸，作"判规"状，用以诛逆除恶，改易诸侯的恶行。璧外径长一尺，内孔直径三寸，用作尺的长度标准。圭（长）璧（径）五寸，用以祭祀日月星辰。璧（径）琮（长）九寸，诸侯用以供献天子。谷圭长七寸，天子用以聘女。

玉圭的用法

玉圭是周代重要的礼仪用器，并有多种用途，在古代玉文化史上占有重要地位。周天子为便于统治，命令诸侯定期朝觐，以便秉承周王室的旨意。为表示他们身份等级的高低，周天子赐给每人一件玉器，在朝觐时持于手中，作为他们身份地位的象征。比如，通过不同尺寸的圭，显示了上至天子、下到侯位的不同等级；同时不同尺寸的圭加以不同的名称，如镇圭、桓圭、信圭、躬圭等，也显示了周王室安邦理国的信念。不同名称的圭是赋予持有不同权力的依据，如：珍圭——召守臣回朝，派出传达这个使命的人必须手持珍圭作为凭证；遇自然灾害，周天子派去抚恤百姓的大臣所持的信物，也为珍圭；谷圭——持有者行使和解或婚娶的职能；琬圭——持有者行使嘉奖的职能；琰圭——持有者行使处罚的职能。

玉　圭

原典

大璋、中璋①九寸，边璋②七寸，射四寸，厚寸。黄金③勺，青金外④，朱中⑤，鼻⑥寸，衡⑦四寸，有缫。天子以巡守，宗祝以前马⑧。大璋亦如之，诸侯以聘女。琢圭璋⑨八寸，璧琮八寸，以覜⑩聘。牙璋⑪、中璋七寸，射二寸，厚寸，以起军旅，以治兵守。驵琮⑫五寸，宗后以为权⑬。大琮十有二寸，射四寸，厚寸，是谓内镇，宗后守之。驵琮七寸，鼻纽有半寸，天子以为权。两圭五寸有邸[14]，以祀地，以旅四望。瑑琮[15]八寸，诸侯以享夫人。案[16]十有二寸，枣、栗十有二列，诸侯纯[17]九，大夫纯五，夫人以劳诸侯。璋邸射[18]素功，以祀山川，以致稍饩[19]。

椰人[20]（阙）……

雕人（阙）……

注释

① 大璋、中璋：璋和圭基部相似，但上端不同。圭是条形片状而且有三角形尖首的一类玉器。大璋加有纹饰，中璋文饰稍杀减，均长九寸。此处大璋、中璋实指大璋瓒、中璋瓒。

② 边璋：长七寸、半文饰的璋。此处边璋实指边璋瓒。

③ 黄金：可能是黄金，也可能是呈黄色的铜合金。

④ 青金外：将绿松石饰于金属勺外。

⑤ 朱中：内涂红漆。

⑥ 鼻：瓒吐酒的流口。

⑦ 衡：瓒勺体部分的直径。

⑧ 前马：祭山川用马，杀马之前，先执瓒酌酒浇地，即行灌礼。

⑨ 瑑圭璋：瑑，玉器上雕饰的凸纹。瑑圭，有瑑饰的圭；瑑璋，有瑑饰的璋。

⑩ 覜：古代诸侯聘问相见之礼。

⑪ 牙璋：古代用作发兵符信的璋。

⑫ 驵琮：驵，通"组"。一

译文

大璋、中璋长九寸，边璋长七寸，（尖的）射占四寸，厚一寸。（璋瓒）以黄金（铜）作勺，外镶绿松石，内涂朱漆，瓒鼻长一寸，勺体部分直径四寸，有垫板。天子巡狩时祭山川，在杀马之前，先执瓒酌酒浇地，行灌礼。大璋也一样，诸侯用以聘女。瑑圭、瑑璋长八寸，璧（径）琮（长）八寸，供诸侯聘问相见之礼用。牙璋、中璋长七寸，（尖的）射占二寸，厚一寸，用以发兵，调动守卫的军队。驵琮长五寸，王后用的秤锤。（内宫的）大琮长一尺二寸，牙状的射占四寸，自口至肩厚一寸，是所谓内镇之物，由王后执守。驵琮长七寸，鼻纽一寸半，天子作为权。各长五寸的两圭，底部相向，（中间隔以一琮）用以祀地和旅祭四方。瑑琮长八寸，诸侯用以供献国君的夫人。玉案的高度一尺二寸，各盛枣、栗，并列十二对，诸侯皆并列九对，大夫皆并列五对，夫人用以慰劳诸侯等。璋，其基部有尖状物，没有雕饰的，用以祭祀山川，用作（给宾客）送食物饔饩的瑞玉。

椰人（缺失）……

雕人（缺失）……

般认为驵琮是系组之琮，也有人以为是扁矮而刻有纹饰的琮。驵琮是用作砝码的玉器。

⑬ 宗后：王后。权：此处指天平的砝码，后世演变为秤锤。

⑭ 两圭五寸有邸：各长五寸的两圭，底部相向而放。邸，通"底"。

⑮ 瑑琮：雕饰有凸纹的玉琮。

⑯ 案：几属食器，有足，用以盛食物。玉案，有玉饰的案。

⑰ 纯：皆。

⑱ 璋邸射：璋的基部有尖状物或形尖。

⑲ 稍饩：稍，禀食，官府发给的粮食。饩，饔饩，熟食和生牲。

⑳ 柶人：琢磨的五种工官或工匠之一。柶，梳篦的总称。古代梳篦的原材料包括木、玉、骨、角、牙等，柶人就以这些原材料琢磨成梳篦。

玉璋

玉璋的形状和玉圭相似，呈扁平长方体状，一端斜刃，另一端有穿孔。东汉许慎在《说文解字》中说："半圭为璋。"璋的种类据《周礼》中记载有：赤璋、大璋、中璋，边璋、牙璋 5 种。我们可以把它们归纳为三类：第一类"赤璋"是礼南方之神的；第二类"大璋、中璋、边璋"是天子巡守用的；第三类"中璋、牙璋"是作符节器用的。"赤璋"是用赤玉（玛瑙）做的璋，是祭南方之神朱雀的礼器。

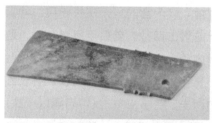

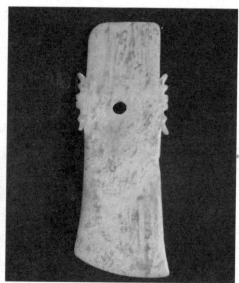

各种玉璋

《玉作图》

《说文解字》中提到："玉，石之美，有五德。润泽以温，仁之方也；理自外，可以知中，义之方也；其声舒扬，专以远闻，智之方也；不桡而折，勇之方也；锐廉而不技，絜之方也。"

玉那温润的质地和光泽，致密而透明的纹理，清扬悠远的声音，宁折不屈、洁净平和的特性，都与君子的德行相应。古代的读书人把玉作为修养和品德的标准，"君子无故，玉不去身"。

《贞观政要》中说："玉虽有美质，在于石间，不值良工琢磨，与瓦砾无别。"的确，一块未经精心雕琢的璞玉，和碎石瓦砾堆在一起，是看不出有什么差别的。《三字经》说："玉不琢，不成器。"就是这个道理。清末李澄渊的《玉作图》生动地再现了玉器的制作过程，展示出玉器的雕琢过程：审玉、开玉、磨砣、上花、打钻、打眼等十几道工序。

《玉作图》之一

"捣沙研浆图"。过去制玉的砣，本身的硬度不足以琢磨掉玉的一部分。它是靠着在砣与玉之间的沙，一点一点地磨掉玉石的某部分。琢玉用的沙是从天然沙中淘出的，分红沙、黑沙、黄沙，黑沙硬度最高，可以达到8～9度。捣沙、研浆是把琢磨用的沙加工到要求的精细程度。把捣制研好的沙，放到器皿中沉淀，沉淀过程中，粗细自然分层。

捣沙研浆图

《玉作图》之二

　　把大块的玉石分解，要用类似于锯的工具。过去多用竹板弯成弓形，又称弓子。图中画的更像锯。开玉的弓弦是铁丝制成的，几根铁丝拧成麻花股。开玉时在弦上加解玉沙，并不断加水，慢慢把玉材"磨"开。

开玉图

《玉作图》之三

　　琢磨玉的轮子叫"砣"，扎砣的主要作用相当于"切"。把玉材切开，或切掉部分，大材要用大弓，小材用小弓，更小的或部分的就用扎砣。

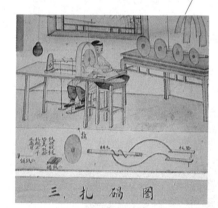

扎砣图

《玉作图》之四

　　冲砣是粗磨，相当于做胚。

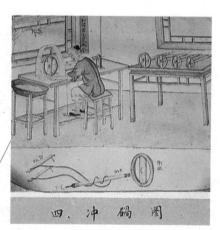

冲砣图

《玉作图》之五

相对冲砣来说是进一步加工，在胚的基础上磨出细节。

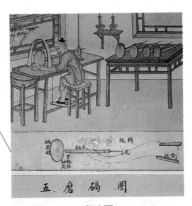

磨砣图

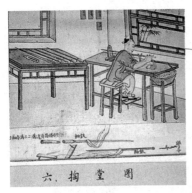

掏堂图

《玉作图》之六

掏堂即掏膛儿。如鼻烟壶、瓶、碗、笔筒、杯等玉器，都要掏膛儿。要在玉器上先钻出一个眼，然后用特别的砣一点一点地把内部的玉磨掉。

《玉作图》之七

在磨好的器物上，琢磨出各种花纹。从图中可以看到，上花用的砣，更小，型号也更多。

打钻图

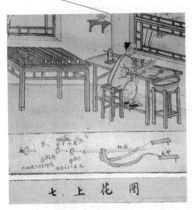

上花图

《玉作图》之八

打钻是用一个管状磨具，在玉器上钻出圆圈状的沟槽。钻到一定深度，把中心的圆柱打掉，即可掏膛儿。图中还有个细节，即在横杆上挂了一个重物，以增加向下的压力，提高工作效率。

《玉作图》之九

即做浮雕、镂空。

透花图

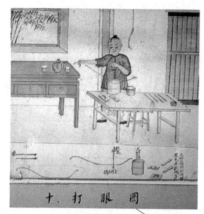

打眼图

《玉作图》之十

在玉器上磨出一个眼儿。

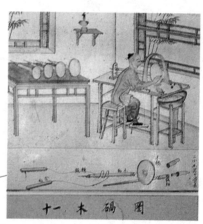

木砣图

《玉作图》之十一

木砣是磨光的砣，一般是用葫芦瓢作的。

《玉作图》之十二

皮砣是牛皮制成的，是玉器的最后工序抛光上亮用的。

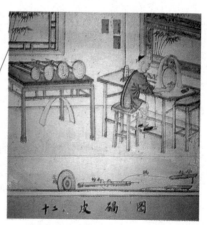

皮砣图

15　磬氏

古代磬的制作工艺

磬是中国古代一种石制打击乐器和礼器，起源于某种片状石制劳动工具。后来有多种形状变化，质地也从原始的石制进一步有了玉制、铜制的磬。

磬，最早用于汉民族的乐舞活动，后来用于历代帝王、上层统治者的殿堂宴享、宗庙祭祀、朝聘礼仪活动中的乐队演奏等，成为象征身份地位的『礼器』。唐宋以后新乐兴起，磬仅用于祭祀仪式的雅乐乐队。

原典

磬氏为磬[1]。倨句一矩有半[2]，其博为一，股为二，鼓为三[3]。叁分其股博，去一以为鼓博。叁分其鼓博，以其一为之厚。已上[4]，则摩其旁；已下[5]，则摩其耑[6]。

磬

注释

[1] 磬：打击乐器，其质料是影响音质好坏的重要因素，一般以玉、石（如石灰岩）制成。也有陶质、木质的。后世还出现过铜铁质的。磬悬挂时，股部上翘，鼓部下垂。奏磬时，敲击鼓部，最佳敲击点是鼓上角。

[2] 倨句：角度，此处指磬的上股与上鼓所夹的顶角。一矩有半：矩，直角。一矩有半，一个半直角，合今135度。

[3] 博为一，股为二，鼓为三：博，宽度，此处指股博，即股宽。股，股长。

[4] 已上：已，太；已上，磬声太清，即频率太高。

[5] 已下：磬声太浊，即频率太低。

[6] 耑：古"端"字。

译文

磬氏制磬。顶角的倨句为一矩半（一百三十五度）。取股宽为一个单位长度，则股长为两个单位长度，鼓长为三个单位长度。鼓宽是股宽的三分之二，以鼓宽的三分之一作为磬的厚度。磬声太清，就磨镈两旁调音；磬声太浊，则磨镈端部调音。

磬的种类

磬的种类很多，有"玉磬、铁磬、铜磬、编磬、笙磬、颂磬、歌磬、特磬"等许多类型。每一种磬，大都是用1枚到16枚的石片或铁片组合而成的。

编磬是可以演奏旋律的打击乐

特 磬

器，多用于宫廷雅乐或盛大祭典。清代的编磬，主要用于皇帝与王公大臣庆典的"丹陛大乐"及宫中大型宴会的"中和清乐"和"丹陛清乐"。清乾隆年间制作的编磬，16枚为一套，大小相同，厚度有异，采用新疆和田碧玉，其形与特磬一致，只是体积较小，每次演奏时全套都要使用，随乐曲旋律击奏。

云磬，又称"引磬"，外形与仰钵形坐磬相同。形体很小，磬身铜制，形似酒盅，磬口直径只有7厘米，置于一根长木柄上端，全长约35厘米。木柄旋以条纹为饰。云磬为寺院中使用的法器，也用于宗教音乐中。

特磬是皇帝祭天地、祭祖、祭孔时演奏的乐器，它多用于宫廷雅乐或盛大祭典中。

特磬有音高不同的12枚，都单独悬挂在木制磬架上，它们大小不一，最大的是"黄钟"，最小的为"应钟"，在一年的12个月里，每个月各奏一个调的乐曲，演奏时，只需换上相应调的特磬，合奏时，在每一乐句的末尾各击特磬一下，起加强节奏的作用。

云　磬

铜　磬

编　磬

玉　磬

铁　磬

16 矢人

古代箭的制作工艺

我国在远古时期就有弓箭，距今已有两万余年。在当时用作狩猎，后来则转换成主要的作战器具。在冷兵器时代，弓箭是最可怕的致命武器。原始弓箭制作简单粗糙，用一根树棍或竹竿，截成一定长度的箭杆，在一端削尖就是箭。发展到后来，才有了各式各样的箭。

本节介绍了一系列较完整的、技术水平较高的制作工艺，与出土的春秋时期箭镞实物标本作对比，文中所规定的规格、尺寸、比例关系等，与实际基本相符。

古法今观——中国古代科技名著新编

原典

矢人为矢①。镞矢②，叁分。茀矢③，叁分，一在前，二在后。兵矢④、田矢，五分，二在前，三在后。杀矢⑤，七分，三在前，四在后。叁分其长，而杀其一。五分其长，而羽其一。以其笴厚⑥为之羽深。水之，以辨其阴阳。夹其阴阳，以设其比⑦；夹其比，以设其羽；叁分其羽，以设其刃⑧。则虽有疾风，亦弗之能惮矣。刃长寸，围寸，铤十之，重三垸。前弱则俛⑨，后弱则翔，中弱则纡⑩，中强则扬。羽丰则迟，羽杀则趮⑪。是故夹而摇之，以眂其丰杀之节也；桡之，以眂其鸿杀之称也。凡相笴，欲生而抟。同抟，欲重；同重，节欲疏；同疏，欲栗。

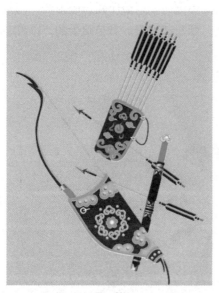

弓　箭

注释

① 矢：箭，由镞头、杆、羽、括等部分构成。

② 镞矢：一种箭头较重，杀伤力较大的可用于近射、田猎的箭。

③ 茀矢：箭前部较田矢为轻，用途与其相似，也是用于弋射之箭。

④ 兵矢：一般认为即枉矢、絜矢，利火射，用于守城、车战。

⑤ 杀矢：杀矢的箭头较重而尖锐，杀伤力较大，用途与镞矢相似。

⑥ 笴厚：笴当作笴，下文"凡相笴"同。笴，箭杆。笴厚，箭杆的厚度。

⑦ 比：箭括，箭杆末端的凹槽，供扣弦之用。

⑧ 刃：箭镞。

⑨ 前弱则俛：弱，柔弱易桡。俛，"俯"的异体字，低头的意思。

⑩ 中弱则纡：纡，屈曲。如果箭杆中弱，在弓弦压力下，箭杆过分弯曲。撒放后，由于箭杆本身的反弹作用强，箭杆将绕过中心线，偏离正常轨道向右侧飞出。

⑪ 羽丰则迟，羽杀则趮：迟，迟缓，速度低。趮，矢行摇晃、偏斜。按空气动力学知识，箭矢所受的摩擦阻力、压差阻力和诱导阻力均与箭羽的大小有关。若箭羽过大，则阻力增加，使飞行速度降低。若箭羽过少或零落不齐，箭的横向或纵向稳定性差，飞行时容易偏斜。

译文

矢人制矢。镞矢、杀矢，箭前部的三分之一与后部的三分之二轻重相等；兵矢、田矢，箭前部的五分之二与后部的五分之三轻重相等；弗矢，箭前部的七分之三与后部的七分之四轻重相等。箭杆前部三分之一自后向前逐渐削细，（至于镞径相齐。）箭杆后部的五分之一装设箭羽，羽毛进入箭杆的深度与箭杆的厚度相等。将箭杆浮于水面，识别（上）阴、（下）阳；垂直平分阴、阳面，设置箭括；平分箭括，上下、左右对称设置箭羽；箭镞长度为羽长的三分之一，即使有强风，也不会受到它的影响。镞长一寸，其周长一寸，铤长一尺，重三垸。如果箭杆前部柔弱，箭行轨道较正常情况为低；如果箭杆后部柔弱，箭行轨道较正常情况为高；如果箭杆中部柔弱，箭行偏侧纡曲；如果箭杆中部刚强，箭将倾斜而出。若箭羽过大，箭行迟缓；若箭羽过少

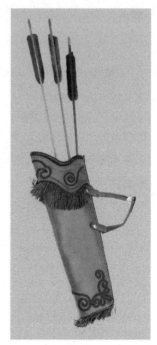

箭

或零落不齐，飞行时容易摇晃偏斜。所以用手指夹住箭杆摆动运行，用以检验箭羽的大小是否适当；挠曲箭杆，用以检验箭杆的粗细强弱是否均称。凡选择箭杆之材，它的形状要天生浑圆；同是天生浑圆的，以致密较重的为佳；同是致密较重的，以节间长、节目疏少的为佳；同是节间长、节目疏少的，以颜色如栗的为佳。

箭

现代射箭

射箭运动

射箭是那达慕的一项重要比赛项目。蒙古人自古崇尚弓箭，喜好骑射，把它视为男子汉的象征和标志，当作他们随身携带的武器和吉祥物。在现代，射箭已经发展成为一项体育比赛项目了，它最早出现在英国。射箭运动虽然在中国有着悠久的历史，但现代射箭运动却开展较晚。新中国成立前，射箭只作为武术项目中的表演项目，新中国成立后，在 1955 年以前射箭仍然为表演项目，1956 年开始列为比赛项目，且直到 1959 年才开始按照国际规则举办比赛。

现代射箭比赛主要有远射比赛和射靶比赛两种，其中射靶比赛最为常见。射远比赛在古代曾流行过，但现代不多见了。射箭比赛用的箭靶最初多以皮革（羊皮、兽皮）或毡子制成，多为方形或圆形。也有一种"皮条靶子"，俗称"苏日牌"，是用多个皮条编（卷）成的一个球状靶。射靶比赛的距离一般是 70 或 45 米。参加射箭比赛不分年龄，老少均可，而且人数也不限。胜者可获得诸如出奇莫日根、智慧莫日根等荣誉称号，而且所得奖品也相当丰厚。

现代的弓

现代奥运会射箭比赛

群众射箭比赛

17　陶人、旗人

古代陶器制作工艺

陶器，是用黏土或陶土经捏制成形后烧制而成的器具。陶器历史悠久，在新石器时代就已初见简单粗糙的陶器。陶器的发明，不仅改善了人类的生活条件，也是人类手工业的雏形，更是人类最早利用化学变化改变材料天然性质的开端。它揭开了人类利用自然、改造自然的新篇章，具有重大的划时代的意义，是人类社会由旧石器时代发展到新石器时代的标志之一。

正如郭沫若所言：「陶器的出现是人类在向自然界斗争中的一项划时代的发明创造。」

原典

陶人为甑^①，实二鬴，厚半寸，唇寸。盆^②实二鬴，厚半寸，唇寸。甗^③实二鬴，厚半寸，唇寸，七穿^④。鬲^⑤实五觳，厚半寸，唇寸。庾^⑥实二觳，厚半寸，唇寸。

旊人^⑦为簋，实一觳，崇尺，厚半寸，唇寸。豆^⑧实三而成觳，崇尺。凡陶旊之事，髻墾薜暴^⑨不入市。器中膞^⑩，豆中县，膞崇四尺，方四寸。

注释

①甗：有箅的炊器，以陶或青铜为之。分两层，上若甑，可以蒸；下若鬲，可以煮，一器而两用。

②盆：盛物之器，也是量器，以陶或青铜制成。

③甑：蒸食炊器，瓦制，底部有许多透蒸汽的小孔，置于鬲或镶上蒸煮，如同后世的蒸笼。

④穿：小孔。

⑤鬲：炊器，以陶或青铜制成，外形似鼎但三足空心。

⑥庾：瓦器名，容量为二斗四升。

⑦旊人：旊，捏塑黏土（陶土、瓷土或高岭土）烧制成陶器或原始瓷器。旊人，制陶的两种工种之一，可能分工制作原始瓷器。

⑧豆：食器，也是量器，形似高足盘，或有盖。按质地不同，分为陶豆、原始瓷豆、涂漆木豆和青铜豆。

陶甑

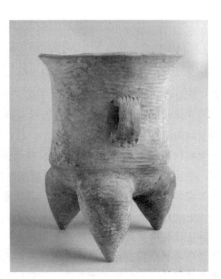

陶鬲

⑨髻垦薛暴：髻，形体歪斜。垦，顿伤。薛，破裂。暴，突起不平。

⑩膊：制陶器（或原始瓷器）时配合旋削的工具。陶坯在陶钧（转轮）上转动时，树膊其侧，量其高下、厚薄，正其器。

陶盆

译文

陶人制甗，容积二鬴，壁厚半寸，唇厚一寸。盆的容积为二鬴，壁厚半寸，唇厚一寸。甑的容积为二鬴，壁厚半寸，唇厚一寸，底有七个小孔。鬲的容积为五觳，壁厚半寸，唇厚一寸。庾的容积为二觳，壁厚半寸，唇厚一寸。

旊人制簋，容积一觳，高度为一尺，壁厚半寸，唇厚一寸。豆的容量是觳的三分之一，高度为一尺。凡陶人、旊人所制的器具，形体歪斜、顿伤、破裂、突起不平的都不能进入官市交易。陶器要用膊校正，豆柄要直立中绳。膊的高度为四尺，方边，每边四寸。

鉴别古陶赝品

陶器一直以来是我国最早的艺术品之一，它是以黏土、高岭土为原料，经过选料、淘洗、沉淀、捣揉后制胎、成型、干燥、焙烧等工艺制成器物或艺术品。由于其具有极高的艺术价值和收藏价值，社会上难免会出现复制品和赝品，为了保护祖国的文物，就需要对陶器进行鉴别。

古陶作假的手段可谓五花八门，包括以真品作范模再做土锈——制作者以真品为参照，然后毁掉一些价值低的、与原器属同胎的陶器，调和配比后用其泥土做成范模，晒干入窑焙烧，然后入土使其生锈；其次是将破碎的陶器修补成一件完整的器物后再入窑作旧处理；此外还有依照史书进行仿制。这三种作伪都需要消耗较长的时间，所以一种把硫酸钾与泥土合成后涂在陶器上再入土的短期做锈法应运而生，不过这种低劣作伪很容易穿帮，用开水一冲就臭气熏人。还有的把陶器刷一层龙须菜煮成的汁，再撒上古墓里挖出的土，重复几次就能以假乱真了。

不同时代有不同的审美标准和技术条件，制约着不同时代陶器的造型。如陶鼎和陶钟流行于战国和两汉，到魏晋以后就绝迹了。掌握各时代器型特点，了解当代新器型，是鉴别古、今陶器的重要依据；其次是掂重量，新的重，老的轻；此外是听声音，新的清脆，老的发木；最后是观察颜色，真品彩陶绘画色彩黑中泛褐，假的多是墨汁所绘。

18　梓人

古代乐器架子、饮器及箭靶的制作工艺

本节简述了古代筍簾、酒器及箭靶的一些制作细节，这里重点介绍酒器，其他二者不做赘述。

我国的酒器早在上古时代已与酒同时存在了。主要种类有：觚、觯、角、爵、杯、舟等。

不同身份的人使用不同的酒器，在《礼记·礼器》篇明文规定：「宗庙之祭，尊者举觯，卑者举角」。

我国古代酒器具有传统的艺术风格和造型，是中华文化最宝贵的历史鉴证，数量之多，造型之美，种类之繁，堪称世界之最。

原典

　　梓人为笱簴①。天下之大兽五：脂者②、膏者③、赢者④、羽者⑤、鳞者⑥。宗庙之事，脂者、膏者以为牲。赢者、羽者、鳞者以为笱簴。外骨，内骨，卻行⑦，仄行⑧，连行，纤行，以脰⑨鸣者，以注⑩鸣者，以旁⑪鸣者，以翼鸣者，以股鸣者，以胸鸣者，谓之小虫之属，以为雕琢。

编　钟

注释

　　① 笱簴：古代悬钟、磬等乐器的架子，两旁之立柱为簴，中央的横木为笱。悬钟者叫钟簴，悬磬者叫磬簴。

　　② 脂者：兽类的一部分。指有角的家畜和野兽，如牛、羊、麋等。

　　③ 膏者：兽类的一部分。指无角的家畜和野兽，如猪、熊等。

　　④ 赢者：赢，即裸。赢是指裸身的人，赢者指自然界的人类。

　　⑤ 羽者：鸟类。

　　⑥ 鳞者：此处不是泛指所有有鳞的动物（如鱼类），而是特指龙。

　　⑦ 卻行：卻，通"却"，退。卻行，退行，倒退走。

　　⑧ 仄行：侧行，横行，侧身走。

　　⑨ 脰：颈项。

　　⑩ 注：通"咮"，鸟嘴。

　　⑪ 旁：腹侧。

译文

　　梓人制造笱簴。天下的大兽有五类：脂类，膏类，赢类，羽类，鳞类。宗庙祭祀，用脂类、膏类的兽。赢类、羽类、鳞类，用来作为笱或簴的造型。骨在体表的，骨在体内的，可以倒退走的，侧身走的，连贯走的，屈曲走的，用颈项发声的，用嘴发声的，以腹侧发声的，以翅膀发声的，以腿节发声的，以胸部发声的，称为小虫之类，用来作为雕琢装饰的造型。

原典

　　厚唇弇口，出目短耳，大胸燿①后，大体短脰，若是者谓之赢属。恒有力而不能走，其声大而宏。有力而不能走，则于任重宜；大声而宏，则于钟宜。若是者以为钟簴，是故击其所县而由其簴鸣。锐喙决吻②，数目顑脰③，小体骞腹^④，若是者谓之羽属。恒无力而轻，其声清阳^⑤而远闻。无力而轻，则于任轻宜；其声清阳而远闻，则于磬宜。若是者以为磬簴，故击其所县而由其簴鸣。小首而长，抟身而鸿，若是者谓之鳞属，以为笋。

注释

① 燿：很小。

② 决吻：决，打开。决吻，张口。

③ 数目：细目。数，细。顧脰：细长颈。

④ 骞腹：骞，亏损。骞腹，腹部不发达。

⑤ 清阳：声音清脆。

译文

　　嘴唇厚实，口狭而深，眼珠突出，耳朵短小，前胸阔大，后身很小，体大颈短，像这样形状的称为赢类。它们常显得威武有力而不能疾走，但声音宏大。威武有力而不能疾走，则适宜于负重；声音宏大，则与钟相宜。所以，这类动物作为钟簴的造型，敲击悬钟时，好像钟簴发出声音似的。嘴巴尖锐，口唇张开，眼睛细小，颈项细长，躯体小而腹部不发达，像这样形状的称为羽类。它们常显出轻捷而力气不大的样子，声音清阳而远播。力气不大而轻捷，则适宜于较轻的负载，声音清阳而远播，与磬相宜。所以，这类动物作为磬簴的造型，敲击悬磬时，好像磬簴发出来的声音似的。头小而长，身圆而前后均匀，像这样形状的称为鳞类，用作笋的造型。

原典

　　凡攫閷援簭^①之类，必深其爪，出其目，作^②其鳞之而。深其爪，出其目，作其鳞之而，则于眡必拨^③尔而怒。苟拨尔而怒，则于任重宜，且其匪^④色必似鸣矣。爪不深，目不出，鳞之而不作，则必颓尔如委^⑤矣。苟颓尔如委，则加任焉，则必如将废措^⑥，其匪色必似不鸣矣。

注释

① 援簭：援，援持。簭，即"噬"。

② 作：竖起，振起。

③ 拨：通"发"，发扬，勃发。

④ 匪：郑玄注：采貌也。

⑤ 颓尔如委：颓废，萎靡不振。

⑥ 措：即废置，引申为委顿，极度困乏。

译文

　　凡扑杀他物，援持啮噬的动物，必定深雕脚爪，突出眼睛，振起鳞片和颊毛，看上去必像勃然发怒的样子。如果能勃然发怒，则适宜于荷重，并且它的采貌必像鸣的样子。脚爪不深雕，眼睛不突出，鳞片和颊毛不振起，那就一定像萎靡不振的样子了。如果萎靡不振加以重任，一定会委顿的，它们的采貌也一定不像是鸣的样子了。

原典

　　梓人为饮器，勺①一升，爵②一升，觚③三升。献以爵而酬以觚，一献而三酬，则一豆矣。食一豆肉，饮一豆酒，中人之食也。凡试梓饮器，乡衡而实不尽④，梓师⑤罪之。

爵

爵

注释

　　①勺：酒器，以铜、木等为之，一般作短圆筒形，旁有柄，其用途是从盛酒器中取酒，然后再注入饮酒器或温酒器之中。

　　②爵：饮酒器，形制为圆形或方形，平底或凸底，下有三个高尖足，有鋬，器口一侧有倾酒的流，另一侧有均衡流的重量的尾，器口上有两柱、一柱或无柱。

觚

③觚：喇叭形口、细腰、圈足的青铜饮酒器。与觯形状相似，觯是青铜酒器，形似尊而小，侈口，圈足，用作饮器。

④乡衡而实不尽：乡，通"向"；衡，眉目之间。乡衡，举爵饮酒，爵之两柱向眉；实不尽，所容之酒尚有余沥。

⑤梓师：是检验产品质量的人，"梓人"是下级工官，负责管理制器的工匠。"梓师"是"梓人"的上司，属比较高级的工官。

译文

梓人制作饮器。勺的容量是一升，爵的容量是一升，觯的容量是三升。爵用以献，觯用以酬，献一升而酬三升，加起来就等于一豆了。吃一豆的肉，饮一豆的酒，这是胃口中等的人的食量。凡检验梓人所制的饮器，举爵饮酒，两柱向眉，爵中尚有余沥未尽，梓师就要处罚制器的梓人。

蝴蝶杯

蝴蝶杯，古代饮器之一。实为一支腰细脚宽的高脚细瓷杯座上，像一只反口金钟形的玉色酒盅，杯沿镶金，外壁二龙戏珠；内壁婷婷花朵，以其杯中"酒满蝶显，酒尽蝶隐"的奇特视觉效果而千古流传，被世人美誉为"千金之宝"。它的奇特之处就在于将杯中斟满酒时，便见一彩蝶从杯底泛起，起落于花丛间，栩栩如生，出神入化，而当杯酒饮尽时，彩蝶顿逝，是为"酒满蝶显，酒尽蝶隐"之酒具。

蝴蝶杯在我国宋代就有记载，《陶录》中记载："邑绅刘吏部藏古瓷器，内绘彩碟，贮以水，碟即浮水面，栩栩如生，来观者众，遂秘不示。"但是随着朝代更替，蝴蝶杯越来越为罕见。明代末期，战乱频繁，蝴蝶杯的制作工艺也渐渐消失。后来只能从戏剧、史料中，听到、见到它的名字。当时的"蝴蝶杯"在民间流传甚广，古代男女将它作为美好爱情的象征。因制作工艺奇特，大多为祖传作坊，蝴蝶杯往往也被官吏们当作稀世珍品而收藏。

经过后人不断地精心研究，深入发掘，古代艺人运用娴熟的"酒满蝶显，酒尽蝶隐"的光学原理，其制作工艺为：在杯脚里，细弹簧上装一彩蝶，杯子受到微小骚扰，彩蝶就会振动。杯底中央，嵌装一类似于凸透镜功能的装置。杯中无酒，彩蝶在凸透镜焦点之外。杯中斟酒，酒作用为一凹透镜。凸透镜与凹透镜合在一起成为一个复合凸透镜。彩蝶便落在复合凸透镜的焦点之内，彩蝶通过复合凸透镜形成放大虚像图，人就能清楚地看到放大了的蝴蝶。

原典

梓人为侯[1]，广与崇方[2]；参分其广，而鹄[3]居一焉。上两个[4]，与其身三；下两个[5]，半之。上纲与下纲出舌寻[6]，缋[7]寸焉。张皮侯[8]而栖鹄，则春以功[9]；张五采之侯，则远国属[10]；张兽侯，则王以息燕。祭侯之礼，以酒、脯、醢[11]。其辞曰："惟若宁侯[12]，毋或若女不宁侯[13]，不属于王所，故抗而射女。强饮强食，诒[14]女曾孙诸侯百福。"

译文

梓人制侯。侯中宽与高相等成正方形，鹄的宽度为侯中宽度的三分之一。上面两侧所张之臂，与侯身等宽，总宽是侯身的三倍。下面两侧之足，宽度是上臂的一半。两侧的上纲与下纲各比臂长出八尺，缋的直径是一寸。陈设皮侯，缀鹄于它的中央，春天（行大射礼），比较诸侯群臣之功。陈设五彩之侯，诸侯朝会时行宾射礼。陈设兽侯，王与群臣宴饮时行燕射礼。祭侯

古代的箭靶

注释

①侯：箭靶，用兽皮、皮革或布制成。古时射礼树侯而射，以中与不中比较胜负、选拔人才或作为娱乐。

②广与崇方：侯中宽与高相等成正方形。

③鹄：箭靶中间略呈长方而束腰的部分名"鹄"或"正"，鹄的中心有一个圆圈，叫作"的"，即靶心。

④上两个：个，亦称为舌，侯上方左、右两旁所张之臂。

⑤下两个：侯下方左、右两旁之足。

⑥出舌寻：比舌（侯上方左、右两旁所张之臂）长出八尺。

⑦缋：用以穿绳、固定射侯的圈扣。

⑧皮侯：虎、熊、豹皮等所饰之侯。

⑨春以功：春行大射，以比较诸侯群臣之功。

⑩远国属：远国，畿外诸侯；属，会。远国属，诸侯朝会，参加联盟。

⑪醢：肉酱。

⑫宁侯：盟主所奖励的安顺有功德的诸侯。

⑬女：通"汝"，你。不宁侯：盟会上大家共同诅咒的诸侯。

⑭诒：传，遗留。

的礼，用酒、脯、醢。祭辞说："惟若宁侯，毋或若女不宁侯，不属于王所，故抗而射女。强饮强食，诒女曾孙诸侯百福。"（只以安顺而有功德的诸侯为榜样，切莫迷惑，像你们这些不安顺的诸侯，不朝会于王所居之处，不顺从盟会，所以张举起来用箭射你们。安顺的诸侯，饮食丰足，遗福你们的子孙，世世代代永为诸侯。）

弓箭

　　弓箭是中国古代一种弹射武器，由有弹性的弓臂和有韧性的弓弦构成，拉弦张弓过程中积聚的力量在瞬间释放时，可将扣在弓弦上的弹丸射向目标。

　　中国古代军队历来非常重视使用弓箭。从周朝开始，就把"射"列为士的主要训练内容之一。秦汉时期强调用强弓弩，当时弓的强度多用斤计算，《后汉书》记载盖延、祭等骁将所用强弓为300斤。由于马背上不便张劲弩，所以弓一直是骑兵的主要武器。直至唐宋，所用弓箭多采用速射法，使用强弓，开满即射，即宋朝王倨撰的《射经·马射总法》中所谓"势如追风，目如流电；满开弓，紧放箭。"而明朝以后的射法理论则主张用"软弓长箭"，认为如果持硬弓则刚刚引满就须发矢，不能久持，命中率反而降低。在其中也说"力胜其弓，必先持满""莫患弓软，服当自远"。因而制弓技术的发展方向不再单纯追求挽力强度的增加。《天工开物·弧矢篇》谓"凡造弓视人力强弱为轻重，上力挽一百二十斤"，其折合值较汉朝的300斤尚略小。大量使用火器以后，弓箭在战争中的作用逐渐降低，至清朝后期弓箭才最终被淘汰。

走马射箭

19 庐人

古代戈、殳、戟、矛类兵器的制作工艺

中国古代有『十八般武艺』之说，其实是指十八种兵器。一般是指弓、弩、枪、棍、刀、剑、矛、盾、斧、钺、戟、殳、鞭、铜、锤、叉、钯、戈。本节只介绍了其中几种兵器的形制和规格，难能可贵的是文中对攻守双方如何选择兵器、如何检验长兵器的握柄也做了解说。我们不仅要关注古代兵器的使用价值，其艺术价值和文化含量更值得我们细细体会。

原典

庐人为庐器。戈秘六尺有六寸，殳长寻有四尺，车戟常，酋矛常有四尺，夷矛①三寻。凡兵无过三其身。过三其身，弗能用也，而无已，又以害人。故攻国之兵欲短，守国之兵欲长。攻国之人众，行地远，食饮饥，且涉山林之阻，是故兵欲短；守国人之寡，食饮饱，行地不远，且不涉山林之阻，是故兵欲长。凡兵，句兵②欲无弹，刺兵欲无蜎③，是故句兵椑④，刺兵抟。毁兵⑤同强，举围⑥欲细，细则校⑦。刺兵同强，举围欲重，重欲傅人⑧，傅人则密⑨，是故侵之。

注释

①夷矛：较长的矛。

②句兵：戈、戟之类可以钩杀的兵器。

③刺兵：矛等可以刺杀的兵器。蜎：桡曲、弯曲之意。

④椑：椭圆，扁圆。类似椭圆形截面之手柄不易转动，便于钩杀类兵器掌握正确的方向。

⑤毁兵：毁，即击，撞击。毁兵，击杀敌人的兵器。

⑥举围：柄上手所持之处的周长。

⑦校：通"绞"，牢固。

⑧傅人：迫近敌军。

⑨密：即准确命中敌人。

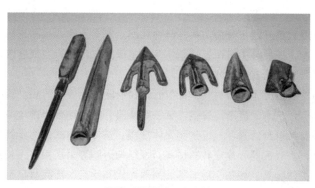

战国时期的镞、矛头等

剑

戈

译文

　　庐人制作庐器。戈柄长六尺六寸，殳长一寸四尺，车戟长一常，酋矛长一常四尺，夷矛长三寻。所有的兵器长度均不宜超过身高的三倍，超过身高的三倍，就不能使用，不仅如此，还会危害执持兵器的人。所以，进攻的一方，兵器要短；防守的一方，兵器要长。攻方的人员较多，行军的路程较远，饮食缺乏，还要跋涉山林险阻，所以兵器要短。守方的人员较少，饮食饱足，行军的路程不远，而且不需跋涉山林险阻，所以兵器要长。凡兵器，钩杀用的兵器，要没有易转动的弊病；刺杀用的兵器，要没有桡曲的弊病；所以钩杀用的兵器之柄的截面是椭圆形的，刺杀用的兵器之柄的截面是圆形的。击杀用的兵器之柄，各部分要同样坚劲刚强，手持之处要稍细；若手持之处稍细，就握得牢固。刺杀用的兵器之柄，各部分要同样坚劲刚强，手持之处要略为粗重；若手持之处略为粗重，就有咄咄逼人之势，可以准确命中敌人，因而重创敌人，所向无敌。

兵器的分类

　　兵器从应用火药开始可分为热兵器与冷兵器。狭义上的冷兵器是指不带火药、炸药或其他燃烧物，在战斗中可以直接杀伤敌人、保护自己的近战武器装备。广义的冷兵器则指冷兵器时代所有的作战装备。

　　冷兵器的发展经历了石器时代、青铜时代和铁器时代 3 个阶段。冷兵器按材质分为石、骨、蚌、竹、木、皮革、青铜、钢铁等兵器；按用途分为进攻型兵器和防护装具，进攻型兵器又可分为格斗、远射和卫体 3 类；按作战方式分为步战兵器、车战兵器、骑战兵器、水战兵器和攻守城器械等；按结构形制分为短兵器、长兵器、抛射兵器、系兵器、护体装具、战车、战船等。火器时代开始后，冷兵器已不是作战的主要

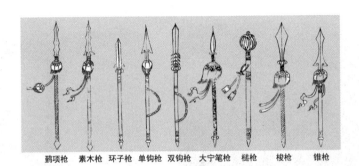

鸦项枪　素木枪　环子枪　单钩枪　双钩枪　大宁笔枪　槌枪　梭枪　锥枪

《武经总要》枪九色图

兵器，但因具有特殊作用，故一直沿用至今。

热兵器又名火器，古时也称神机，与冷兵器相对。是指一种利用推进燃料快速燃烧，再利用产生的高压气体推进发射物的射击武器。传统的推进燃料为黑火药或无烟炸药。

原典

凡为殳，五分其长，以其一为之被①，而围之。叁分其围，去一以为晋②围。五分其晋围，去一以为首③围。凡为酋矛，叁分其长，二在前，一在后，而围之。五分其围，去一以为晋围。叁分其晋围，去一以为刺围④。凡试庐事，置⑤而摇之，以眡其蜎⑥也；灸诸墙，以眡其桡之均也；横而摇之，以眡其劲也。六建既备，车不反覆⑦，谓之国工。

注释

①被：手握持的地方。

②晋：即镈，兵器柄末端如圆锥形的金属套，可以插入地中。

③首：殳的上端。

④刺围：刺，锋刃。刺围，兵器柄与锋刃相接处之周长。

⑤置：树立。

⑥蜎：即桡。

⑦反覆：翻覆、倾动之意。

译文

凡制作殳，手握持之处离末端为全长的五分之一，该处截面为圆形，以其周长的三分之二作为末端铜镈的周长，以末端铜镈周长的五分之四作为殳上端的周长。制作酋矛，人所握持之处离末端为全长的三分之一，该处截面为圆形，以其周长的五分之四作为末端铜镈的周长，以末端铜镈周长的三分之二作为柄刃相接之处的周长。凡检验长兵器柄的质量，树立于地摇动，看它的桡曲程度；撑在两墙之间，看它的桡曲是否均匀；横握中部摇动，看它的强劲程度。车上的五兵与旌旗都装置妥善，车行时不倾动，称为国家一流的工匠。

"殳"姓与兵器"殳"的关系

古时候，殳为竹制兵器，是古老的武器，当远古人类尚未使用金属时，在狩猎和战争前，他们要手持殳舞蹈，这既是动员，又是祭神和鼓舞士气的一种形式。到上古时，庆典操舞中就有殳仗队，所谓殳仗队，即后来的仪仗队。而负责率领殳仗队的官员，他的后代便以兵器名"殳"为姓，又形成了一支殳姓。如今，殳姓主要分布在浙江省嘉兴市一带。

20　匠人

古代王城规划建设

古法今观——中国古代科技名著新编

本节内容主要讲匠人的职责，职责有三：一是「建国」，即给都城选择位置，测量方位，确定高程；二是「营国」，即规划都城，设计王宫、明堂、宗庙、道路；三是「为沟洫」，即规划井田，设计水利工程、仓库及有关附属建筑。从文中关于王城的规划思想和各种等级制度，以及井田规划制度，可以看出井田制盛行时期城市规划的技术水平。

原典

匠人建国。水地以县^①，置槷^②以县，眡以景^③。为规^④，识日出之景与日入之景。昼参诸日中之景，夜考之极星^⑤，以正朝夕^⑥。

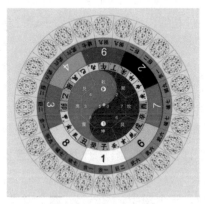

古人造屋使用的罗盘

注释

① 水地以县：水地，以原始的水平仪定地平。县，悬绳，下端悬有重物自由下垂的绳子，其方向垂直于地面。后世称为线坠，现代叫铅垂线和垂球。

② 槷：表，表杆，又称"臬"等，观测日影用的竹木杆（或石柱），一般高八尺。

③ 景：通"影"。

④ 为规：画圆。

⑤ 极星：北极星，或称北辰，是最靠近天球北极的恒星。

⑥ 正朝夕：确定东西方向，引申为确定东西南北的方向。

卷　下

译文

匠人建造城邑。应用悬绳，以水平法定地平，树立表杆，以悬绳校直，观察日影，画圆，分别识记日出与日落时的杆影。白天参究日中时的杆影，夜里考察北极星的方位，用以确定东西（南北）的方向。

现代铅垂线的运用

凡是测景之地和建筑物基址，都要求水平。古人从"水静则平"得到启示，发明了"水地"法，且在商代时已有以水平定地平的方法。此方法在现代则用"铅垂线"或"垂球"表示。

铅垂线是一条用来判断物体是否与地面垂直的物体重心与地球重心的连线（用圆锥形铅垂测得），多用于建筑测量中。具体方法是用一条细绳一端系重物，即铅垂，在相对于地面静止时，这条绳所在直线就是铅垂线，又称重垂线。由于地球重力场中的重力方向线与水准面正交，因而这一方法是野外观测的基准线。此外还需注意的是，铅锤重量的大小与垂直线的垂直度无关。

原典

匠人营国①。方九里，旁三门②。国中九经九纬③，经涂九轨④。左祖右社⑤，面朝后市，市朝一夫⑥。夏后氏世室，堂修二七，广四修一。五室，三四步，四三尺⑦。九阶。四旁、两夹，窗，白盛⑧。门，堂三之二，室三之一。殷人重屋，堂修⑨七寻，堂崇三尺，四阿重屋⑩。周人明堂⑪，度九尺之筵，东西九筵，南北七筵，堂崇一筵。五室，凡室二筵。室中度以几⑫，堂上度以筵，宫中度以寻，野度以步，涂度以轨。

译文

匠人营建王城。全城九里见方，每一面开设三个城门。王城中主要的道路，南北干道三条，每条三涂；东西干道三条，每条三涂。经纬涂道的宽度等于九轨。王宫的布局，左面是祖庙，右面是社庙，前面是朝廷，后面是市

注释

①营国：营建城邑，包括建置城池、宫室、宗庙、社稷，并规划国城周围之野。

②方九里，旁三门：边长九里的方形城制，每边三门，共十二门。

③九经九纬：九经，经九涂，即南北干道三条，每条三涂；九纬，纬九涂，即东西干道三条，每条三涂。

④九轨：二辙之间的宽度为一轨，一轨等于八尺。九轨，共宽七丈二尺。

⑤祖：宗庙。社：祀土地神之所。

⑥一夫：夫，成年男子。一夫，一个成年男子所受之地，计一百亩，相当于边长为一百步的正方形的面积。

⑦三四步：三个四步。四三尺：四个三尺。

⑧白盛：以白色的蜃灰粉刷墙壁，饰成宫室。

⑨修：南北向的长度。

⑩四阿重屋：一般释为重檐庑殿顶。

⑪明堂：古代天子宣明政教的地方，凡朝会及祭祀、庆赏、选士、养老、教学等大典，均在此举行。

⑫几：凭几，小桌子，设于座侧，以便凭倚；也作度量单位。

仿建的秦代阿房宫

集，市集和外朝的面积各一百步见方。夏后氏的世室，正堂的南北进深为两个七步，堂宽是进深的四倍。五室布局，可以概括为三个四步，四个三尺。台阶共九座。四个"旁"室、两个"夹"室，也均有窗户，以白灰（粉刷墙壁）饰成（宫室）。设门。堂的进深占世室的三分之二，室的进深占世室的三分之一。殷人的重屋，堂南北进深七寻，堂基高三尺，重檐房殿顶。周人的明堂，以长九尺的筵为度量单位，东西宽九筵，南北进深七筵，堂基高一筵。五室，每室长宽各两筵。室内以几为度，堂上以筵为度，宫中以寻为度，野地以步为度，道路以轨为度。

堂和殿的区别

堂、殿之称均出现于周代。"堂"出现较早，是相对内室而言的，指建筑物前部对外敞开的部分。堂的左右有序、有夹，室的两旁有房、有厢。堂和室这样一组建筑又统称为堂，泛指天子、诸侯、大夫、士的居处建筑。自汉代以后，堂一般是指衙署和宅第中的主要建筑，但宫殿、寺观中的次要建筑也可称堂，如南北朝宫殿中的"东西堂"、佛寺中的讲堂、斋堂等。且堂一般作为府邸、衙署、宅院、园林中的主体建筑，其平面形式多样，体量比较适中，结构做法和装饰材料等也比较简洁，往往表现出更多的地方特征。

"殿"则出现较晚，是指后部高起的物貌。用于建筑物，表示其形体高大，地位显著。殿一般位于宫室、庙宇、皇家园林等建筑群的中心或主要轴线上，其平面多为矩形，也有方形、圆形、工字形等。殿的空间和构件的尺度往往较大，装修做法也比较讲究。

殿和堂都可分为台阶、屋身、屋顶三个基本部分。其中台阶和屋顶形成了中国建筑最明显的外观特征。因受封建等级制度的制约，殿和堂在形式、构造上都有区别。殿和堂在台阶做法上的区别出现较早，即：堂只有阶，殿不仅有阶，还有陛，即除了本身的台基之外，下面还有一个高大的台子作为底座，由长长的陛级联系上下。

原典	注释
庙门容大扃①七个，闱门②容小扃叁个，路门③不容乘车之五个，应门④二彻叁个。内有九室，九嫔居之；外有九室，九卿⑤朝焉。	① 扃：贯通鼎上两耳的举鼎横木。大扃，长三尺。 ② 闱门：庙中之门。 ③ 路门：路寝（正寝）的门，寝宫

九分⑥其国，以为九分，九卿治之。王宫门阿之制五雉⑦，宫隅⑧之制七雉，城隅⑨之制九雉。经涂九轨，环涂⑩七轨，野涂⑪五轨。门阿之制，以为都城⑫之制；宫隅之制，以为诸侯之城制。环涂以为诸侯经涂，野涂以为都经涂。

区的总门。路门外为朝，内为寝宫。

④应门：正朝（治朝）的朝门，即王宫的正门，南向。

⑤九卿：高级官吏。

⑥九分：宫城占井字形中间的一分，王城其余部分为宫城周围的八分。

⑦门阿：门的屋脊，意即宫城城门的屋脊标高。雉：长三丈、高一丈的版筑墙。计算长度时，一雉等于三丈；计算高度时，一雉等于一丈。

⑧宫隅：宫城城墙四角处的小楼。

⑨城隅：王城城墙四角处的小楼。

⑩环涂：沿城的环行道。涂，道路。

⑪野涂：城郭外的道路，即王畿内的干道。

⑫都城：宗室和卿大夫的采邑。

译文

庙门之宽等于七个大扃，闱门之宽等于三个小扃，路门稍狭于五辆乘车并行的宽度，应门相当于三辆车并行的宽度。路门之内有九室，供九嫔居住。路门之外有九室，供九卿处理政事。宫城占王城的九分之一，把国中的职事分为九种，分别使九卿来治理。王宫屋脊的规制高度等于五雉，宫隅的规制高度等于七雉，城隅的规制高度等于九雉。经纬涂的道宽九轨，环城之道宽七轨，城郭外的道路宽五轨。王子弟、卿大夫采邑城的城隅高度，取王宫的门阿高度（五雉）；诸侯城的城隅高度，取王宫的宫隅高度（七雉）。诸侯的经涂，取环城之道的规制（七轨），王子弟、卿大夫采邑的经涂，取城郭外的道路的规制（五轨）。

原典

匠人为沟洫①。耜②广五寸，二耜为耦。一耦之伐，广尺、深尺，谓之畎③。田首倍之，广二尺，深二尺，谓之遂。九夫为井④，井间广四尺、深四尺，谓之沟。方十里为成，成间广八尺、深八尺，谓之洫。方百里为同，同间广二寻、深二仞⑤，谓之浍⑥。专达于川，各载其名。凡天下之地埶，两山之间，必有川焉；大川之上，必有涂焉。凡沟逆地阞⑦，谓之不行⑧。水属不理孙⑨，谓之不行。梢沟三十里而广倍⑩。凡行奠水⑪，磬折以参伍。欲为渊，则句于矩。凡沟必因水埶，防必因地埶。善沟者，水漱⑫之；善防者，水淫⑬之。

注释

① 沟洫：田间水道。

② 耜：原始农具，以木耒为柄，下端加翻土的头。按材质分为石耜、骨耜、木耜、青铜耜等。

③ 甽：同"畎"，田间小沟。

④ 夫：在井田制中，一百平方步为一亩，一夫受田百亩，故夫又是土地面积单位，百亩为夫。

⑤ 仞：古长度单位。

⑥ 浍：田间排水之渠。

⑦ 地防：地脉。防，脉理。

⑧ 不行：水不畅流，横逆决溢。

⑨ 不理孙：孙即顺，理孙即顺理，不理孙，即不顺其理。

⑩ 梢沟三十里而广倍：梢，一端较细，另一端较粗的长木。梢沟，梢形排水沟，由近及远，随着排水量的增加，逐渐增宽。

⑪ 奠水：指停水，止水。

⑫ 漱：为水所冲刷、剥蚀。

⑬ 淫：浸淫，淤积。

译文

匠人修筑沟洫。耜，宽五寸，二耜为耦。用耦掘土作沟，宽一尺，深一尺，称为甽。亩田起首端的水沟加倍，宽二尺，深二尺，称为遂。九夫的田为一井，井与井之间的水沟，宽四尺，深四尺，称为沟。十里见方为一成，成与成之间的水沟，宽八尺，深八尺，称为洫。百里见方为一同，同与同之间的水沟，宽二寻，深二仞，称为浍。转流入川，水名分别记识。天下的地势，两山之间，必定有川；大川之旁，必定有路。若造沟渠违逆地的脉理，水不能畅流；水的注集不顺其理，水不能畅流。梢沟每隔三十里，下游宽度比上游增加一倍。凡导泄停水，泄水建筑物截面的顶角取磬折形，角的两边之比为三比五。要修跌水，则句曲如直角。凡修筑沟渠一定要顺水势，修筑堤防一定要顺地势。设计合理的水沟，会借助于水流冲刷杂物而保持通畅；设计合理的堤防，会靠水中堤前沉积的淤泥而增坚加厚。

原典

凡为防，广与崇方①，其閷叁分去一，大防外閷。凡沟防，必一日先深之以为式，里为式，然后可以傅众力。凡任②，索约，大汲其版，谓之无任。葺屋③三分，瓦屋四分，囷④、窌、仓、城，逆墙六分。堂涂⑤十有二分。窦⑥，其崇三尺。墙厚三尺，崇三之。

注释

① 广与崇方：广，堤顶之宽。广与崇方，堤顶之宽与堤高相等。

② 任：担当，承担，支撑。此处指夯土版筑，用板束土支撑。

③ 葺屋：茅屋，以茅草为顶。

④ 囷：圆仓。我国最迟在商代已用仓廪储存谷物。后来圆形

的称"囷"，方形的称"仓"。

　　⑤堂涂：堂下东西阶之路。

　　⑥窦：宫中水道，阴沟。

译文

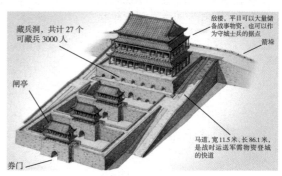

藏兵洞，共计27个
可藏兵3000人

敌楼，平日可以大量储
备战事物资，也可以作
为守城士兵的据点

箭垛

闸亭

马道，宽11.5米、长86.1米，
是战时运送军需物资登城
的快道

券门

古代城池布局图

　　凡修筑堤防，上顶的宽度与堤防的高度相等，上顶宽度与下基宽度之比为二比三。较高大的堤防下基须加厚，（坡度还要平缓）。凡修筑沟渠堤防，一定要先以匠人一天修筑的进度作为参照标准，又以完成一里工程所需的匠人及日数来估算整个工程所需的人工，然后才可以调配人力（实施工程计划）。版筑（墙壁与堤防）时，用绳索校直、绑扎筑版和木桩；如绑扎筑版过紧或受力不匀，致使模型板变形或受损，就不能胜任支撑承压的功能。茅屋屋架高度为进深的三分之一，瓦屋屋架高度为进深的四分之一。圆仓、地窖、方仓和城墙，顶部宽度为墙高度的六分之一，筑成逆墙。堂下阶前之路，以路中央至路边的宽度的十二分之一，作为路中央高出路边的高度。宫中水道，截面高三尺。宫墙厚三尺，高度为墙厚的三倍。

现代堤坝

　　现代的堤坝主要有两大类：土石坝和混凝土坝。近年来，大型坝堤都采用高科技的钢筋水泥建筑。

　　土石坝是用土或石头建造的宽坝。因为底部承受的水压比顶部的大得多，所以底部较顶部宽。由于土石坝多是横越大河建成的，且用的都是既普通又便宜的材料，加之物料较松散，虽能承受地基的动摇，但水也会慢慢渗入堤坝，降低堤坝的坚固程度。因此，工程师在建堤坝时会在堤坝表面加上一层防水的黏土，或设计一些通道，让一部分的水流走。

　　而混凝土坝则多用混凝土建成。通常建筑在深而窄的山谷，因为只有混凝土才能承受堤坝底部的高水压。混凝土坝可以细分为混凝土重力坝，混凝土拱坝，混凝土支墩坝等。混凝土坝的主要特点是利用自身的重量来支撑水体压力。

21 车人

古代耒和车的制作工艺

车的历史距今大约有五千年之久。车是我国古代陆路最主要的交通工具，数千年来，在社会生活中占着举足轻重的地位。无论是生产劳动还是战争、政治活动，都是不可或缺的重要装备。其数量的多寡和质量的优劣，常成为衡量某一时期社会发达与否、国势强盛与否的重要标准。本节中对车轮的平正均衡、稳定耐磨提出了具体要求，可见当时的造车技术已经非常成熟。

原典

车人之事。半矩谓之宣[①]，一宣有半谓之欘[②]，一欘有半谓之柯[③]，一柯有半谓之磬折[④]。

车人为耒[⑤]。庛[⑥]长尺有一寸，中直者三尺有三寸，上句者二尺有二寸。自其庛，缘其外，以至于首，以弦其内，六尺有六寸，与步相中也。坚地欲直庛，柔地欲句庛，直庛则利推，句庛则利发。倨句磬折[⑦]，谓之中地。

注释

①宣：工匠量直角的曲尺叫作矩，因此矩也用作角度单位，合今90度。它的一半叫作"宣"，也是角度单位，合今45度。

②欘：借用为角度单位。一欘等于一宣半，合今67度30分。

③柯：本义为斧柄，斧与柄间有钝角者，故柯借用为角度单位。一柯合今101度15分。

④磬折：磬的顶角约为150余度，故定为角度单位。一磬折等于一柯半，合今151度52分30秒。

⑤耒：原始的掘土农具，起初用树枝或树杈做成，后由木耒发展为青铜耒。

⑥庛：耒木下端的头部，有的单齿，有的分杈成两齿（或三齿）。

⑦倨句磬折：指庛与中间直木之间的夹角为一磬折。

译文

车人的工作。半矩叫作宣，一宣半叫作欘，一欘半叫作柯，一柯半叫作磬折。

车人制耒，庛长一尺一寸，中间直的部分长三尺三寸，上端句曲的部分长二尺二寸。从下面的庛端，循曲折的耒木，到达上端的句首，共长六尺六寸；从庛端到句首的直线距离为六尺，恰好等于一步之数。坚硬的土地要用挺直的庛，柔软的土地要用句曲的庛。直庛的好处是容易推进入土，句庛的好处是便于挖掘泥土。若庛与中间直木的夹角在一磬折左右，那就软硬皆宜，适宜于任何土地了。

耒的产生及其发展变化

原始种植采用的是刀耕火种的方式，因土地经过多次种植后日趋贫瘠，收获量越来越少，所以古代的人们需要不断搬迁到新的地方去烧荒垦土，这样一来，频繁的迁徙加上繁重的劳动，使先民们疲惫不堪。为了改善这一情况，炎帝决心改进种植方法。

传说，炎帝和大家一起围猎时，在林地里看到凶猛的野猪正在拱土，它长长的嘴巴伸进泥土，一撅一撅地把土拱起，一路拱过，留下一片被翻过的松土。

野猪拱土的情形，给炎帝留下了很深的印象。他经过反复琢磨，在刺穴用的尖木棒下部横着绑上一段短木，先将尖木棒插在地上。再用脚踩在横木上加力，让木尖插入泥土，然后将木柄往身边扳，尖木随之将土块撬起。这样连续操作，便耕翻出一片松地。这一改进，不仅深翻了土地，改善了地力，而且将种植方式由穴播变为条播，使谷物产量大大增加了。这种加上横木的工具，就是"耒"。

在翻土过程中，炎帝发现弯曲的耒柄比直直的耒柄用起来更省力，于是他将"耒"的木柄用火烤成省力的弯度，成为曲柄，使劳动强度大大减轻。为了多翻土地，后来又将木"耒"的一个尖头改为两个，成为"双齿耒"。经过不断改进，在松软土地上翻地的木耒，尖头又被做成扁形，成为板状刃，叫"木耜"。"木耜"的刃口在前，破土的阻力不仅大为减小，还可以连续推进。但木制板刃不耐磨，容易损坏，因而人们又逐步将它改成石质、骨质或陶质的，有的制成耐磨的板刃外壳，损坏后可以更换，这就是犁的雏形了。为了适应不同的耕播农活，先民们又将耒耜的主要组成部分制成可以拆装的部件，使用时，根据需要进行组合。

原典

车人为车①。柯长三尺②，博三寸，厚一寸有半。五分其长，以其一为之首。毂长半柯，其围一柯有半。辐长一柯有半，其博三寸，厚三之一。渠③三柯者三。行泽者欲短毂，行山者欲长毂。短毂则利，长毂则安。行泽者反輮④，行山者仄輮⑤；反輮则易⑥，仄輮则完⑦。六分其轮崇，以其一为之牙围。柏车⑧毂长一柯，其围二柯，其辐一柯，其渠二柯者三。五分其轮崇，以其一为之牙围。大车⑨崇三柯，绠寸，牝服⑩二柯有叁分柯之二，羊车⑪二柯有叁分柯之一，柏车二柯。凡为辕，三其轮崇。参分其长，二在前，一在后，以凿其钩。彻广六尺⑫，鬲⑬长六尺。

注释

① 车：直辕牛车。车厢平面大致呈方形，载重量较大。

② 柯长三尺：柯，伐木斧头之柄。长三尺，此处作为长度单位。

③ 渠：此处指大车之牙，即轮圈。

④ 反輮：輮，揉制轮圈；反輮，芯材在轮圈外周，边材在轮圈内周。反輮的轮圈，芯材在外，表面细腻、光滑，不易为泽泥所黏，且不易腐烂。

⑤仄輮：侧輮，芯材和边材同时朝外揉出轮圈。行山之轮圈，接触沙石，对耐磨性要求较高，仄輮可表里相依，刚柔相济，既坚韧，又耐磨。

⑥易：表面细腻、光滑。

⑦完：坚韧、耐磨。

⑧柏车：能行山路的大车，其毂长达三尺。

⑨大车：平地载重之车。

⑩牝服：牛车的一种，其形制比大车略小。因母牛力不如公牛，这种比大车略小的牛车驾母牛或公牛都行，故以"牝服"为名。

⑪羊车：羊车是比牝服再小一号的车，较精巧，可乘坐。

⑫六尺：当是八尺之误。

⑬鬲：车轭，辕前端扼牛颈的横木。

译文

车人制车（以柯长为长度的标准），柯长三尺，宽三寸，厚一寸半。以柯长的五分之一作为斧刃的长度。（大车）毂长半柯，它的周长等于一柯半。辐条长一柯半，其宽三寸，厚一寸。轮牙用三条长三柯的木条糅合而成。行驶于泽地的车，要用短毂；行驶于山地的车，要用长毂。短毂转动利索，长毂比较安稳。行驶于泽地的车子，轮牙要反輮；行驶于山地的车子，轮牙要侧輮。反輮的轮圈比较细腻、光滑，侧輮的轮圈较为坚韧、耐磨。（大车）以轮高的六分之一作为轮牙截面的周长。柏车毂长一柯，毂的周长等于二柯，辐条长一柯，轮牙用三条长二柯的木条揉合而成，以轮高的五分之一作为轮牙截面的周长。大车轮高三柯，轮缲为一寸，（可驾母牛的）牝服（轮高）二又三分之二柯，羊车（轮高）二又三分之一柯，柏车（轮高）二柯。制作车辕，辕长为轮高的三倍，将辕长分为三份，两份在前，一份在后，前后交界处凿衔轴的钩。两轮之间的距离为八尺，车轭长六尺。

古代车马模型

考工记

古法今观——中国古代科技名著新编

中国古代车的发展

　　我国是世界上最早发明和使用车的国家之一，相传黄帝时已知坐车。但由于车是一种形制较为复杂的交通工具，所以在生产力低下的远古时期，它的发明不仅不可能是一人所为，而且也不可能是一日之功，在其创制之前，必然还有一段漫长的萌芽和完善过程。

　　轮是车上最重要的部件，"察车自轮始"。因此，轮转工具的出现和使用是车子问世的先决条件。在我国新石器时代，随着手工业的不断发展，人们创制出许多轮转工具，如纺线用的纺轮、制陶用的陶车和琢玉用的轮形工具等。纺轮出现的时间最早，考古工作者在浙江余姚河姆渡新石器时代早期（距今 7000 多年）遗址中就发现了它的踪迹。

　　继纺轮之后，陶车出现了。山东、河南、河北、湖北、浙江、广东等地的新石器时代晚期遗址中，都出土了轮制陶器，这标志着陶车在当时已普遍使用，其技术也达到了相当高的水准。某些自然现象也给古人以启示，"圣人见飞蓬转而知为车"（《淮南子·说山训》），"上古圣人，见转蓬始知为轮"（《续汉书·舆服志》），"蓬"，指蓬草，"转蓬"，即蓬草团随风旋转。

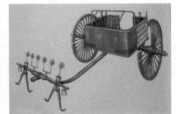

古代各式单辕马车

22 弓人

古代弓的制作工艺

弓与矢一样，在古代军事活动中扮演着重要角色。本节不仅详细介绍了弓的繁琐制作工艺，还将弓分为王弓、弧弓、夹弓、庾弓、唐弓和大弓6种。王弓、弧弓用于守城和车战；夹弓、庾弓用于田猎；唐弓、大弓用于习射。以上各种弓还依使用者的身份分为上、中、下三类，从中我们不难窥见那个时代的封建等级思想。

原典

弓人为弓。取六材[1]必以其时，六材既聚，巧者和之。干也者，以为远也；角也者，以为疾也；筋也者，以为深也；胶也者，以为和也；丝也者，以为固也；漆也者，以为受霜露也。凡取干之道七：柘[2]为上，檍[3]次之，蘗桑[4]次之，橘次之，木瓜[5]次之，荆[6]次之，竹为下。

注释

①六材：制弓的六种原材料是干、角、筋、胶、丝、漆。

②柘：木名，桑属。干疏直，材质坚韧，可制良弓。

③檍：木名，一名土橿，又名杻。细叶，木材多曲少直，可作弓材。

④蘗桑：木名，即柞树，古称山桑。叶可饲蚕，木质坚韧，可制弓和车辕等。

⑤木瓜：落叶灌木或乔木，也称楙，果实可食用，也是中药。

⑥荆：灌木，种类较多，有一种牡荆枝茎坚韧，可作棰杖等。

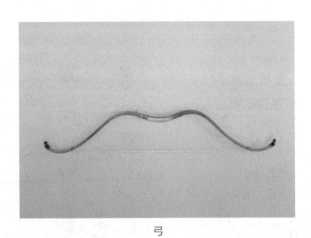

弓

译文

弓人制弓。采用六种原材料都须适时。六种原材料都已具备，以精巧的技艺来配合制造。干，用以使箭射得远；角，用以使箭行进快速；筋，用以使箭射得深；胶，用来作黏合剂；丝，用来缠固弓身；漆，用来抵御霜露。采用干材的来源有七个，最好用柘木，其次用檍木，其次用蘗桑，其次用橘木，其次用木瓜，其次用荆木，竹为最下等的材料。

原典

凡相干，欲赤黑而阳声，赤黑则乡①心，阳声则远根。凡析干，射远者用埶，射深者用直。居②干之道，菑栗不迆③，则弓不发。凡相角，秋䐑者厚，春䐑者薄。稚牛之角直而泽，老牛之角紾而昔④，疢疾险中⑤，瘠牛之角无泽。角欲青白而丰末。夫角之本，蹙于剸而休于气⑥，是故柔。柔故欲其埶也，白也者，埶之征也。夫角之中，恒当弓之畏⑦，畏也者必桡。桡故欲其坚也，青也者，坚之征也。夫角之末，远于剸而不休于气，是故脃⑧。脃故欲其柔也，丰末也者，柔之征也。角长二尺有五寸，三色⑨不失理，谓之牛戴牛。凡相胶，欲朱色而昔。昔⑩也者，深瑕而泽，紾而抟廉⑪。鹿胶青白，马胶赤白，牛胶火赤，鼠胶黑，鱼胶饵⑫，犀胶黄。凡昵之类不能方⑬。凡相筋，欲小简⑭而长，大结而泽。小简而长，大结而泽，则其为兽必剽，以为弓，则岂异于其兽。筋欲敝之敝，漆欲测⑮，丝欲沈⑯。得此六材之全，然后可以为良。

注释

①乡：通"向"。

②居：处置，处理。

③菑栗不迆：菑栗，剖分干材；不迆，不邪行损伤木理。

④紾而昔：紾有两解，一为扭曲，弯曲；二为纹理粗糙。昔，通"错"，干燥粗糙。

⑤疢疾险中：疢疾，久病；险中，角中汗陷而不实。疢疾险中，牛久病则角中汗陷而不实。

⑥蹙于剸而休于气：蹙，接近，迫近；剸，同"脑"。蹙于制，近于脑。休，通"煦"，温暖，温热。

⑦畏：弓隈，弓末与弓干中央之间的弯曲处。

⑧脃："脆"的本字。

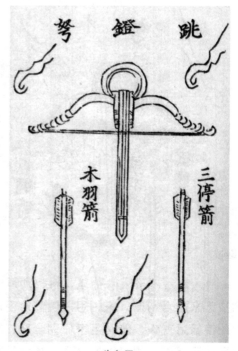

牛角弓

⑨ 三色：指角的根部白、中段青、尖端银色。

⑩ 昔：指胶的表观"深瑕而泽，绉而抟廉"，有光泽的胶原纤维交错纠结。

⑪ 抟廉：抟，束、捆；廉，棱角，锋利。抟廉，棱纹成束。

⑫ 饵：牲畜的筋腱。意即色如筋腱。

⑬ 昵之类不能方：方，比方，等同。

⑭ 小简：简，筋条。小简指筋丝。

⑮ 测：漆清见底。

⑯ 沈：指丝如在水中时色，光泽鲜明。

译文

　　凡选择干材，要颜色赤黑，敲击时发出清阳之声，颜色赤黑必近于树心，发声清阳必远于树根。凡剖析干材，用作射远的弓，要反顺木的曲势而弯；用作射深的弓，干材要厚直。处理干材的要领：剖分干材不邪行损伤木理，那发弓时就不至于弯曲。凡选择角，秋天宰杀的牛，角厚实；春天宰杀的牛，角单薄。幼牛的角，直而润泽；老牛的角，扭曲粗糙，干燥无泽。牛若久病，角中汙陷而不实。瘦瘠的牛，它的角没有光润之气。角的颜色要青白色，角尖要丰满。角的根部，近于脑，受到脑气的温润，所以较为柔软。因为柔软所以要有曲势，（以便反以为弓）。颜色白，就是曲势的征验。角的中段，常附贴于弓隈，弓隈一定是桡曲的。因为桡曲，所以要坚韧。颜色青，就是坚韧的征验。角的尖端，离脑远，没有受到脑气的温润，所以较脆。因为偏脆，所以要柔韧。角尖丰满，就是柔韧的征验。角长二尺五寸，根部色白，中段色青，尖端丰满，符合这样的标准，可以说牛头上长着一对价值与整头牛相等的牛角。凡选择胶，要颜色朱红而交错纠结。交错纠结的，裂痕深，带有光泽，棱纹成束纠错。鹿（角）胶青白色，马胶赤白色，牛胶火赤色，鼠胶黑色，鱼（鳔）胶色如筋腱，犀胶黄色。其他的黏合物不能与它们相比。凡选择筋，筋丝要长而强劲，筋束要滋而润泽。筋丝长而强劲，筋束滋而润泽，那么这种兽一定行动剽疾，用它的筋来制弓，和其他的兽筋制弓有所不同。治筋要充分揉制，无复伸弛，漆要清，丝的颜色要像在水中一样。这六种优良的原材料俱备，然后才可制成优质的弓。

牛角除了可用来制作弓外，它还是瑶、彝、苗、景颇、纳西、怒、傣、布依、土家、仡佬、黎、汉等族的唇振气鸣乐器。流行于桂、黔、滇、川、湘、粤、琼等省区，尤以广西壮族自治区南丹和贵州省黔南、黔东南等地最为盛行。

牛角原为西北少数民族乐器，最初可能是用牛、羊角制成，后来进一步改用竹、木、皮革、铜等做成弯角状。角大约在汉代流入中原，在鼓吹乐中应用颇广，它的形制在汉魏时期为曲形角。现存汉鼓吹乐图中吹奏的角形体很大，已经是人工制造的号角。

除此之外，角还是一种中药，可用于血热妄行的吐血、衄血、痈疮疖肿等症状。但要注意的是，这种牛角一般指黄牛角。

古法今观——中国古代科技名著新编

原典

凡为弓，冬析干而春液①角，夏治筋，秋合三材，寒奠体②，冰析灂③。冬析干则易，春液角则合④，夏治筋则不烦，秋合三材则合，寒奠体则张不流⑤，冰析灂则审环⑥，春被弦则一年之事。析干必伦，析角无邪，斲目必荼⑦。斲目不荼，则及其大修⑧也，筋代之受病。夫目也者必强，强者在内而摩其筋，夫筋之所由幨⑨，恒由此作，故角三液而干再液。厚其帤⑩则木坚，薄其帤则需⑪，是故厚其液而节其帤。约之⑫，不皆约，疏数必侔。斲挚必中⑬，胶之必均。斲挚不中，胶之不均，则及其大修也，角代之受病。夫怀胶于内而摩其角，夫角之所由挫，恒由此作。

注释

① 液：醳治，浸渍。

② 寒奠体：寒，冬天寒冷之时；奠，定；体，弓体的外桡内向。寒奠体，指寒冬把弓体置于正弓的弓檠（弓匣）之内，以定弓体的外桡与内向之形。

③ 冰析灂：严冬极寒时张弛弓体，分析弓漆，看其是否粘合牢固。

④ 合："洽"的假借字，意为浸润、和柔。

⑤ 流：弓体变移走样。

⑥ 审环：审察漆痕是否形成环形。

⑦ 斲目必荼：斲，斫的俗字，斫削。目，弓干节目。荼，舒缓、缓慢。斲目必荼，削除弓干节目，必须舒缓。

⑧ 大修：长久。

⑨ 幨：筋理凸起裂坼。

⑩ 帤：弓干正中的衬木。

⑪ 需：通"软"，柔软、软弱。

⑫ 约之：以丝、胶相次横缠之。

⑬ 斲挚必中：削治弓干要精致、周到、均匀。

译文

　　凡制弓，冬天剖析弓干，春天浸治角，夏天治筋，秋天用丝、胶、漆合干、角、筋，寒冬时（把弓体置于弓匣之内，以）定体形。严冬极寒时（张弛弓体），分析弓漆。冬天剖析弓干，木理自然平滑致密；春天浸治角，自然浸润和柔；夏天治筋，自然不会纠结；秋天合拢三材，自然坚密；寒冬定弓体，张弓时就不会变形走样；严冬极寒时分析弓漆，就可审察漆痕是否形成环形。春天装上弓弦，这样大约一年时间，所制的弓就可用了。剖析弓干，一定要顺木理；剖析牛角，不要歪斜；削除弓干节目，必须舒缓（齐平）。若削除节目时不舒缓（齐平），那弓使用日久了，筋就要替它承受不良的后果。节目一定比较坚硬，坚硬的节目在里面摩擦筋，筋理绝起断裂，常常就是这个原因引起的。所以角要浸治三次，而弓干要浸治两次。弓干正中的衬木太厚，弓干过于坚硬；衬木太薄，弓干就过于软弱。所以要多加浸治，衬木的厚薄也要调节适度。弓干与衬木相附之处，以丝胶相次横缠环束，其他地方不必都如此缠绕，但缠绕须疏密均匀。削治弓干要精致、周到、均匀，用胶一定要均匀，如果削治弓干不精致、周到、均匀，用胶不均匀，那弓使用日久了，角就要替它承受不良的后果。干、胶在里面摩擦角，角被折断，常常就是这个原因引起的。

原典

　　凡居角，长者以次需①。恒角②而短，是谓逆桡，引之则纵③，释之则不校④。恒角而达，辟如终绁⑤，非弓之利也。今夫⑥茭解中有变焉，故校；于挺臂中有柎焉，故剽⑦。恒角而达，引如终绁，非弓之利。挢干欲孰于火而无赢⑧，挢角欲孰于火而无燂⑨，引筋欲尽而无伤其力，鬻胶欲孰而水火相得，然则居旱亦不动，居湿亦不动。苟有贱工，必因角干之湿以为之柔，善者在外，动者在内。虽善于外，必动于内，虽善亦弗可以为良矣。

注释

　　①次需：次，至、及；需，软处，弓之曲处。次需，到达弯曲的弓隈部位。

　　②恒角：恒，竟，穷，终。恒角，角的全长。

　　③纵：缓而无力。

　　④校：即"挍"。"校""挍"相同，"挍"系"校"字隶体之变。意为快疾。

　　⑤绁：动词，意为缚系。

　　⑥今夫：今，假设连词，前事说毕，别说他事时的用语；夫，语中助词，无义。

⑦ 于挺臂中有柎焉，故剽：挺臂，弓中央人手把持的直臂。柎，挺臂两侧贴附的骨片。柎的作用是使复合弓在不改变弓高的情况下，增强其"厚直"之势，提高箭的初速。

⑧ 挢干欲孰于火而无赢：挢，矫，揉。赢，过度。

⑨ 燂：烤烂。

译文

凡处置角，角长的放在弓隈处，若角的长度不足，就会反桡，开弓一定缓而无力，故箭就不会疾飞。若角太长到达箫头，犹如始终把弓系在弓匣里一般，（引弦送矢都不利，无从发挥它的威力），对弓是没有好处的。弓箫与弓隈之角相接处有形变和弹力，所以射出的箭快疾；直臂中有柎，所以射出的箭剽疾。若角太长到达箫头，引弓时犹如始终把弓系在弓匣里一般（引弦送矢都不利），对弓是没有好处的。用火揉干要恰到好处，不要太熟；用火揉角要恰到好处，不要烤烂；治筋要引尽筋力，无复伸弛，而不损伤它的弹力；加水煮肢要熟，掌握火候要恰到好处。这样制成的弓，不管是在干燥的地方，还是在潮湿的地方，弓体永不变形。有些马虎草率的贱工，在角和干材尚未干燥的时候，就把它们用火揉曲，外表看上去挺好，内部却存在不安定的因素。外表虽好，里面一定变动桡减，就是再好看也不可能成为良弓了。

原典

凡为弓，方其峻而高其柎①，长其畏而薄其敞②，宛③之无已应。下柎之弓，末④应将兴。为柎而发，必动于朆，弓而羽朆⑤，末应将发。弓有六材焉，维⑥干强之，张⑦如流水。维体防⑧之，引之中参⑨。维角輘⑩之，欲宛而无负弦⑪；引之如环，释之无失体，如环。材美，工巧，为之时，谓之参均。角不胜⑫干，干不胜筋，谓之参均。量其力，有三均。均者三，谓之九和。九和之弓，角与干权⑬，

注释

① 高其柎：柎，原作"拊"，柎是一种近似于矩形截面的梁，柎的高度即截面之高，让它"高"一些是为了提高柎的抗弯曲强度，增强弓力。如果柎低下，则弓力弱，引起接缝松动，角、干枉曲。当然，柎过高也不好。

② 薄其敞：敞是角在弓把内侧与干相附的部分，此处除了有干外，还有帮和高的柎等，已甚厚，故薄其敞角以调剂之。

筋三侔⑭，胶三铧，丝三邸⑮，漆三斞⑯。上工以有余，下工以不足。为天子之弓，合九而成规⑰；为诸侯之弓，合七而成规；大夫之弓，合五而成规；士之弓，合三而成规。弓长六尺有六寸，谓之上制，上士服之。弓长六尺有三寸，谓之中制，中士服之。弓长六尺，谓之下制，下士服之。

试弓定力图

③ 宛：屈曲，引申为引弓。

④ 末：弓末之箫。

⑤ 羽靭：限与柎的接缝松动而力不相贯。

⑥ 维：以，因。

⑦ 张：此处应为引弓。

⑧ 防：防止弓体变形。

⑨ 中叁：张弦未拉时，弓高一尺；拉弓满弦时，弦的中点距弓把三尺。

⑩ 掌："撑"的本字，支撑。

⑪ 负弦：负，背。负弦，辟戾，角与弦斜背。

⑫ 不胜：相得，相称。

⑬ 角与干权：角与弓干大致等重。

⑭ 侔：衡量名，数值不明。

⑮ 邸：衡量名，数值不明。

⑯ 斞：量器名。每斞约合今三点六毫升。

⑰ 合九而成规：按字面为九张弓围起来合成一个正圆形，实指每张弓的弧度是一个圆周的九分之一。

译文

凡制弓，弓两端架弦的峻要方，弓中的柎要高，限角要长，敝角要薄，这样，虽然多次引弓，（弓势与弓弦）必定缓急相应（不至于疲软无力）。柎太低下的弓（柎力弱），箫若应弦，柎将伤动。若柎枉曲，引弓时限与柎相接之处必会伤动，限与柎的接缝松动，弓力不能相贯，箫若应弦，角与弓干都会枉曲。弓有六材，唯以干为坚强者（弓干良好的话），张弓顺如流水。（平时放在弓匣里）以防止弓体变形；引弓满弦的时候，弦中点至弓把恰好三尺。用维角撑起增加力量，旨在引弓时角与弦不斜背；所以开弓拉满时如环形，释弦时，也不会使弓体变形，仍如环形。材料优良，技艺精巧，制作适时，称为叁均。角与干相称，干与筋相称，称为叁均。垂重测试弓力，又有三均。三个三均，称为九和。九和的弓，角与弓干大致等重，用筋三侔，用胶三铧，用丝三邸，用漆三斛，工艺考究的稍多一点，工艺不考究的略少一点。制作天子的弓，九张弓恰好围成一个正圆形，即每张弓的弧度是一个圆周的九分之一。制作诸侯的弓，七张弓恰好围成一个正圆形，即每张弓的弧度是一个圆周的七分之一。大夫的弓，五张弓恰好围成一个正圆形，即每张弓的弧度是一个圆周的五分之一；士的弓，三张弓恰好围成一个正圆形，即每张弓的弧度是一个圆周的三分之一。弓长六尺六寸，称为上制，由上士备用；弓长六尺二寸，称为中制，由中士备用；弓长六尺，称为下制，由下士备用。

现代制作弓箭的匠人

现代复合弓的类型

现代复合弓的基本类型从使用功能区分，可分为目标弓、狩猎弓、练习弓和儿童弓。

目标弓的主要特点：其推弓点一般设置在上、下弓片的侧向垂直线连结点前（也可称为前置弓把），弓片普遍采用复合材料模压成型；长度约 38 厘米以上，弯曲变形主要集中在弓片中心至两端；轮轴距一般在约 96.5 厘米至约 106.6 厘米之间；弓档约 20.3 厘米左右，偏心轮组凸轮轴孔的位置以 1/2 位置居多；拉距定位装置与拉力回收增力点接近。目标弓主要功能是射准，主要特点是结构稳定性强，控制变化力小，人弓一体的关系容易实现。

狩猎弓的主要特点：推弓点一般设置在上、下弓片的侧向垂直线连结点之后（也可称为后置弓把）；弓片普遍采用玻璃钢树脂拉挤加工成型，弓片短，弯曲变化小，变形集中在弓片下部位置；轮轴距一般在 91.44 厘米以下；弓档小；轴孔的中心普遍在 1/2 以上位置；拉距定位装置与拉力回收增力点较远。狩猎弓的突出特点是出箭速度快，开弓的控制范围大。

练习弓和儿童弓的特点：这两种弓是相对简易的复合弓，特点是拉力小，拉距变化调整范围不大，对称力停止线不够清晰。

原典

　　凡为弓，各因其君之躬志虑血气①。丰肉而短，宽缓以荼，若是者为之危弓②，危弓为之安矢。骨直以立③，忿埶④以奔，若是者为之安弓，安弓为之危矢。其人安，其弓安，其矢安，则莫能以速中，且不深。其人危，其弓危，其矢危，则莫能以愿中。往体多，来体寡，谓之夹臾之属，利射侯与弋。往体寡，来体多，谓之王弓之属，利射革与质。往体、来体若一，谓之唐弓⑤之属，利射深。大和无灂，其次筋角皆有灂而深，其次有灂而疏，其次角无灂⑥。合灂若背手文⑦。角环灂，牛筋蕡⑧灂，麋筋斥蠖⑨灂。和弓毄摩。覆⑩之而角至，谓之句弓⑪。覆之而干至，谓之侯弓⑫。覆之而筋至，谓之深弓⑬。

注释

　　① 血气：体质的血性。

　　② 危弓：急疾的弓。

　　③ 骨直以立：骨直，骨干挺直。骨直以立，刚强、果毅。

　　④ 忿埶：火气大。

　　⑤ 唐弓：唐弓之类，张弦时，弓体外桡与内向相等，弓体也较厚直，箭的初速较高，易于射深。

　　⑥ 角无灂：角之中即隈里无漆痕，其他部位有漆痕。

　　⑦ 背手文：弓的表里由于胎质的不同、纹理的不同、漆层厚薄的不同、使用条件的不同，往往会产生不同的断纹。两部分之间的过渡，如像人之手背、手心之间的纹理一样，最为自然，是涂漆质量好的标志之一。

　　⑧ 蕡：麻的种子。

　　⑨ 麋筋斥蠖：麋，麋鹿，亦称"四不像"，是我国特有的大型鹿科动物。斥蠖，即尺蠖，形体细长、屈伸而行的一种小青虫。

　　⑩ 覆：审察。

　　⑪ 句弓：句弓只有角优良，干、筋质次。

　　⑫ 侯弓：侯弓的角、干均优良，但筋质次。放箭的方向性好，可以远射，然欠强劲，适宜射靶。

　　⑬ 深弓：深弓的角、干、筋三者兼优。

译文

　　凡制弓，各依所用的人的形态、意志、血性气质而异：若长得矮胖，意念宽缓，行动舒迟，像这样的人要为他制作强劲急疾的弓，并制柔缓的箭配合强劲急疾的弓。若刚毅果敢，火气大，行动急疾，像这样的人要替他制作柔软的弓，并制急疾的箭配合柔软的弓。人若宽缓舒迟，再用柔软的弓、柔缓的箭，箭行的速度就快不了，自然不易命中目标，即使射中了也无力深入。人若强毅果敢，性情急躁，再使强劲急疾的弓、剽疾的箭（箭的蛇行距离过长），自然不能稳稳中的。弓体外桡的多，内向的少，称为王弓之类，适宜于射盾、甲和木靶。弓体外桡的少，内向的多，称为夹弓、臾弓之类，适宜于射靶和弋射。弓体外桡与内向相等的，称为唐弓之类，适宜于射深。最优良的弓没有漆痕，其次筋角中央有漆痕而两边无，其次筋角有漆痕而稀疏，其次（仅）角之中即隈里没有漆痕。弓的表里漆痕相合，如人手背过渡到手心的纹理。角上的漆痕呈环形，牛筋上的漆痕如麻子文，麋筋上的漆痕如尺蠖形。（用弓前）要拂去灰尘，抚摩弓体，察看它有无裂痕，调试弓体的形状和强弱，察看它是否适宜。经过仔细地审察，弓的角优良的，叫作句弓；角和干均优良的，叫作侯弓；角、干和筋都优良的，叫作深弓。

传说中的中国古代十大名弓

第十名：龙舌弓

用龙筋制作弓弦的传说中的名弓，速度和准确性极高。三国时吕布用龙舌弓辕门射戟（见《三国演义》）。吕布是三国中用弓很有名的人，但是他背信弃义，老做小人，只能排第十名了。

第九名：万石弓

用比钢铁还要坚硬但非常轻的紫檀木制作而成的弓，为三国时黄忠所用。《三国演义》中，黄忠能开二石力之弓，百发百中。战长沙时他本可以射杀关羽，幸二人都是义士，英雄惜英雄，下不了手。

第八名：游子弓

力猛弓强，离弦之箭如游子归家般急切，为北宋时花荣所用。花荣，梁山英雄中排行第九，马军八虎骑兼先锋使第一员。原是清风寨副知寨，使一杆长枪，箭法高超，有百步穿杨的功夫。清风寨正知寨刘高陷害宋江，花荣得知后造反，大战黄信、秦明，救了宋江。花荣多次用箭法建立奇功。宋江三打祝家庄，花荣射落祝家庄的指挥灯，使祝家庄兵马自乱。

第七名：神臂弓

史书记载，神臂弓"实弩也。以山桑为身，檀为弰，铁为枪膛，钢为机，麻索系札，丝为弦""射三百步，透重札"。

第六名：灵宝弓

李广所用之弓，汉武帝时，匈奴侵入汉朝边境，杀死了辽西太守，打败了韩安国将军。后来，李广被封为右北平郡太守，匈奴人由于惧怕李广，数年不敢入侵右北平郡，称他为"汉朝的飞将军"。李广镇守右北平郡时，有一天外出打猎，远远看见草丛中有一只老虎，就拔箭射去，随后走近一看，原来是块石头，而箭已经射入石头中。唐代诗人卢纶还专门为此事写了一首诗："林暗草惊风，将军夜引弓。平明寻白羽，没在石棱中。"

第五名：震天弓

公元661年，薛仁贵奉命率军在大山一带与突厥人决战。突厥人为北方游猎民族，强悍善骑，素有弯弓射雕之风。突厥人方面率军作战的就是号称为"天山射雕王"的颉利可罕，率兵十多万。战斗一开始，对方突厥军就精选十几个骁勇强壮的将士向唐军挑战，颉利可罕最赏识的三员大将元龙、元虎、元凤出现在前面。只见薛仁贵镇定自如，持此弓射击，三箭连发，龙、虎、凤应声倒地。顿时，突厥军吓得乱作一团，纷纷投降。唐军取得重大胜利，全军欣喜若狂，薛仁贵的威名大震。"将军三箭定天山，战士长歌入汉关"，成为唐军长期传唱的歌谣。

第四名：轩辕弓（乾坤弓）

本是轩辕黄帝所铸，选用泰山南乌号之柘，燕牛之角，荆麋之弭，河鱼之胶精心制作了一张弓，名叫轩辕弓，蚩尤被轩辕黄帝用此弓三箭穿心而亡。在《封神演义》中又名乾坤弓，为李靖所用，骷髅山白骨洞碧云童子被这一箭正中咽喉，翻身倒地而亡。

第三名：落日弓

传说中，后羿和嫦娥都是尧时候的人，那时，天上有十个太阳同时出现在天空，把土地烤焦了，庄稼都枯干了，人们热得喘不过气来，倒在地上昏迷不醒。因为天气酷热的缘故，一些怪禽猛兽也从干涸的江湖和火焰似的森林里跑出来，在各地残害人民。人间的灾难惊动了天上的神，天帝命令善于射箭的后羿下到人间，协助尧消除人民的苦难。后羿带着天帝赐给他的一张红色的弓，一口袋白色的箭，还带着他美丽的妻子嫦娥一起来到人间并立即开始了射日的战斗。他从肩上摘下那张红色的弓，取出白色的箭，一支一支地向骄横的太阳射去，顷刻间，十个太阳被射去了九个，尧认为留下一个太阳对人民有用处，拦阻了后羿的继续射击。

第二名：霸王弓

这把弓乃是当年楚霸王项羽的随身之物。"霸王弓"威力无比，弓身乃玄铁打造，重127斤，弓弦传说是一条黑蛟龙的背筋。相传项羽15岁那年，乌江中有黑蛟龙作恶，危害四乡。项羽听说后，当夜单枪匹马来到乌江，找到黑蛟龙，与黑蛟龙搏斗了一天两夜，把黑蛟龙杀死，取得此筋搓股为弦。黑蛟龙乃至寒之物，坚韧异常，故此弦不畏冰火、不畏刀枪。

第一名：成吉思汗的射雕弯弓

成吉思汗用他的弓箭和铁骑打下了亚欧非大陆广大土地，成了世界上最广大的国家，亚洲除日本以外，几乎占据了所有国家，他的军队到达了非洲的埃及，占领了欧洲的一些国家，甚至他的子孙贴木儿汗在旗帜上画了三个圈，象征着占领了世界的四分之三。

射箭的动作要领

为了使射箭姿势尽量正确，必须学习射箭的技巧、知识。学习后按照姿势反复练习，不断调整自己的姿势，多加练习，最终都能练成与正确姿势接近的自己的姿势。射箭的标准动作要领如下。

1. 站位。射手站在起射线上，左肩对目标靶位，左手持弓，两脚开立与肩同宽，身体的重量均匀地落在双脚上，并且身体微向前倾；也可左脚微向内倾斜，身体重量均匀地落在双脚上，此动作有助于增加后手对弓的控制。

2. 搭箭。把箭搭在箭台上，单色主羽毛向自己，箭尾槽扣在弓弦箭扣上。

3. 扣弦。右手以食指、中指及无名指扣弦，食指置于箭尾上方，中指及无名指置于箭尾下方。

4. 预拉。射手举弓时左臂下沉，肘内旋，用左手虎口推弓，并固定好。

5. 开弓。射手以左肩推右肩拉的力将弓拉开，并继续拉至右手虎口靠位下颌。

6. 瞄准。射手在开弓的过程中同时将眼、准星和靶上的瞄点连成一线。

7. 脱弦。开弓瞄准后右肩继续加力，同时扣弦的右手三指迅速张开，箭即射出。

8. 放松。箭中靶位后，左臂由腕、肘、肩至全身依次放松。

射　箭

后记

一 《考工记》中的
设计思想

1. 《考工记》与五行学说

通读全篇后，我们可以知道，《考工记》中的许多设计思想都是在特殊社会制度背景和流行学说的影响下产生的，最明显的就是周朝的阴阳五行学说。《考工记》中"凡斩毂之道，必矩其阴阳""水之，必辨其阴阳，夹其阴阳以设其比"里的阴阳仅指背阴与向阳，与阴阳五行里的阴阳有区别。且《考工记》中许多手工技术都体现了"阴阳是指一切现象都存在着对立统一的关系"这一点，如"毂小而长则柞，大而短则挚""辀深则折，浅则浮"等。

《考工记》中的五行学说通过五色来体现，书中关于"五色"的阐述如"画缋之事，杂五色，东方谓之青，西方谓之白，北方谓之黑，南方谓之玄，地谓之黄"。对应五行五色，即为"东方为木，星相为'青龙'；西方为金，星相为'白虎'；南方为火，星相为'朱雀'；北方为水，星相为'玄武'，其色为黑。"五色为东西南北中，亦水木金火土，这一点在《考工记》中有很好的体现。

而"天人合一"的思想是中国古典哲学的根本思想，是早期设计的审美思想之一。此处的"天"并非指神灵，而是自然的代表。在《考工记》中充分表现了这种"天人合一"的造物思想。如"天有时，地有气，材有美，工有巧，合此四者，然后可以为良。材美工巧，然而不良，则不时，不得地气也。"这告诉我们，造物应该顺应天时，适应地气，材料上佳，工艺精巧。如果不顺应天时，不适应地气，只具备后两者是造不出好的产品的，如"天有时以生，有时以杀；草木有时以生，有时以死；石有时以泐；水有时以凝，有时以泽，此天时也"。这是"天人合一"审美思想在《考工记》中的最初表达。"天时"；"地气"是自然方面的客观原因，"材美""工巧"是主观因素，这正是"天人合一"思想的初衷之所在。

再者，《考工记》中具体叙述各种工艺规范时也直接或间接地反映了"天

古法今观——中国古代科技名著新编

人合一"的设计思想。如"辀人为辀"一节中"轸之方也，以象地也，盖之圜也，以象天也……"，这形成了一幅由方形车厢和圆形车盖及中间的乘车者所构成的画面，正是古代工匠对"天人合一"的向往。

2．《考工记》中还强调了设计艺术品的材质之美

材料是工艺设计的物质基础。《考工记》中强调设计艺术品的材质之美，《考工记》认为，"美材"本身应符合器物功能与技术的要求，即依物选材。另外，《考工记》还注重材质感与功能性的统一，倡导"形式追随功能"的设计理念。《考工记》中关于制物的要求还体现在严谨的工作态度上，文中关于模数的设计思想就充分说明了这点。

中国传统造物观中的"材有美，工有巧"的思想对设计师启示很大，设计师要加强自身的技能培养，尤其是工业设计师，他们将各种材料处理成不同的产品造型，由于各种材料的性能不同，加工成型的方法也不一样，这就要求设计师必须了解各种材料及机器的性能，掌握必要的生产工艺流程。这样才可能成功设计一款好的产品，也正因为优美的材质与巧妙的加工是相辅相成、辩证统一的，才成为设计师恪守的准则，并影响深远。

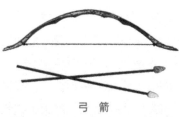

弓　箭

陶　器

青铜鼎

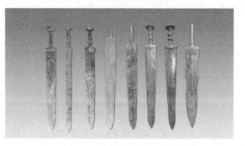

青铜剑

二 《考工记》的
特点及成就

1.《考工记》的内容特点

（1）重视发展社会生产力

《考工记》十分重视生产工具的制造和改进，体现了它重视发展生产力的思想。铸是锄田器，是春秋时期一种重要的农具。斧、斤、凿、曲刀、量器等则是手工业生产中不可缺少的工具。《考工记》从青铜手工业的冶铸技术角度对这类器具的制作工艺进行了总结，"攻金之工，筑氏执下齐，冶氏执上齐，凫氏为声，栗氏为量，段氏为铸器，桃氏为刃""五分其金，而锡居一，谓之斧斤之齐"，指出"斧斤之齐"和包括铸器在内的生产工具所需铜和锡的比例是五比一。

车辆在春秋时期不仅是重要的战争工具，也是常见的交通运输工具。《考工记》对车的制作甚为重视，它提出只有把车轮制成正圆，才能使轮与地面的接触面"微至"，从而减小阻力以保证车辆行驶"戚速"。它还规定制造行平地的"大车"和行山地的"柏车"的毂长（两轮间横木长度）和辐长（连接轴心和轮圈的木条长度），各有一定尺寸，它说，"行泽者欲短毂，行山者欲长毂。短毂则利，长毂则安"。这种工艺也是按照不同地势条件以求达到较大的行驶效率。

《考工记》还十分重视水利灌溉工程的规划和兴修，它记述了包括"浍"（大沟）、"洫"（中沟）、"遂"（小沟）和"畎"（田间小沟）在内的当时的沟渠系统，并指出要因地势、水势修筑沟渠堤防，或使水畅流，或使水蓄积以便利用。对于堤防的工程要求和建筑堤防的施工经验，也作了详细的记述。

（2）重视生产经营和经济效益

《考工记》将制作精工产品规定为手工业生产的目标，而将天时、地气、材美和工巧以及四者的结合看作必备的条件和重要的生产方法。它认为，天时节令的变化会影响原材料的质量，进而影响制成品的质量，所以强调"弓人为弓，取六材必以其时"。它重视地气，是由于某些地方生产的某种原材料质量较优，或者有制造某种工艺的优良传统。它说，"郑之刀，宋之斤，鲁之削，吴粤之剑，迁乎其地而弗能为良，地气然也"。至于工巧，它认为是与分工有关。

《考工记》所记述的手工业，分工细密，攻木之工有七种，攻金之工有六种，攻皮之工有五种，设色之工有五种，刮摩之工有五种，抟埴之工（陶工）有两种。分工细密，人尽其能，则有助于工匠技艺专精。它对"工"的见解非常卓越。它说，"知者创物，巧者述之，守之世，谓之工"，这是对不断创新、提高工效、保持优良传统工艺的歌颂。

在生产经营上，为了使制成品合乎规格，保证良好的效益，需设工师专管。《考工记》对此也作了记述，"凡试梓饮器，乡衡而实不尽，梓师罪之"，这是说，工师检验梓人所制的饮器，如举爵向口，爵中还留有余沥，便不合标准，梓人就要受到处罚。《考工记》还指出，在市场上用于交换的手工业制品，必须符合规格，为买者乐于接受，残次品不能上市。

为了提高效益，必须精于算计。《考工记》以修筑沟防为例，提出"凡沟防，必一日先深之以为式，里为式，然后可以傅众力"。这就是说，在沟防修筑中，应以劳工一天完成的进度作为标准，以完成一里地的劳力和日数来计算整个工程所需的人力。

（3）言官府工业而不非议民间工业

《考工记》开宗明义就说，"国有六职，百工与居一焉"。这一方面是说"百工"的重要性，另一方面也说明"百工"是属于官府手工业。郑玄注说，"百工，司空事官之属""监百工者，唐虞已上曰共工"。

虽然《考工记》所记都是官工，但又说有些诸侯国对于有些产品，并没有设官工制造。它指出其原因是："粤之无镈也，非无镈也，夫人而能为镈也。燕之无函也，非无函也，夫人而能为函也。秦之无庐也，非无庐也，夫人而能为庐也。胡之无弓车也，非无弓车也，夫人而能为弓车也。"这是说，这些诸侯国和有的地区，或由于山出铜锡，或由于地处边区，所以民间都能制造这些产品，而不必专门设官制造。《考工记》对于民间手工业的肯定态度是与春秋时期的社会改革相一致的，也与它认为"工"是"知者创物"等的见解相符合。

131

2.《考工记》的科技成就

《考工记》的主要科技成就体现在以下几方面。

（1）金属冶铸方面

"攻金之工"条谈到了不同使用性能的器物应使用不同成分的合金，说："六分其金而锡居一，谓之钟鼎之齐；五分其金而锡居一，谓之斧斤之齐……"这是世界上最早的合金规律。

"栗氏"条谈到了合金熔炼过程中，如何依据火焰和烟气颜色来辨别熔炼进程，这是世界上关于观察熔炼火候的最早记载。

（2）丝绸漂涑印染技术方面

"帾氏"条谈到了"以栏为灰，渥淳其帛""昼暴诸日"等丝绸漂涑操作，这是我国古代关于灰水脱胶、日光脱胶漂白的最早记载。

"钟氏"条谈到了"三入为𬃊，五入为𬘓，七入为缁"的染色工艺，这是我国古代关于媒染剂染色的最早记载。这些记载在世界上也是较早的。

（3）标准化管理方面

"栗氏"条说金属熔炼时，需"不耗然后权之，权之然后准之，准之然后量之"。这是对熔炼工艺的一种规范。

又如"总叙"条说："兵车之轮六尺有六寸，田车之轮六尺有三寸，乘车之轮六尺有六寸。"这是对车轮尺寸的一种标准化管理。若依齐尺（每尺约合 19.7 厘米）推算，此兵车、乘车之轮径应为 1.30 米；而经测量，河南辉县琉璃阁战国墓出土的 16 号车轮径正好为 1.30 米。

（4）力学方面

这方面的论述是较多的，在"轮人""弓人""矢人""匠人"等条都曾涉及，有的论述甚至相当精辟。如"总叙"条说："轮已崇，则人不能登也；轮已庳，则于马终古登阤也。"这是我国古代关于滚动摩擦与轮径关系的最早记载。

又如"矢人"条说："水之，以辨其阴阳，夹其阴阳，以设其比，夹其比，以设其羽；参分其羽，以设其刃。则虽有疾风，亦弗之能惮矣。"这是我国古代以沉浮法来确定物体的质量分布，把箭羽作为反馈控制装置的最早记载。

古法今观——中国古代科技名著新编

（5）声学方面

"凫氏"条、"磬人"条等都从定性方面对发声理论做出了精辟的论述。如"凫氏"条说："薄厚之所震动，清浊之所由出，……钟已厚则石，已薄则播。""钟大而短，则其声疾而短闻；钟小而长，则其声舒而远闻。""韗人"条也有类似的说法。

"磬氏"条说，"磬声已上，则摩其旁，已下，则摩其耑"，这说的是一种调音方法。这是我国古代打击乐器发声理论的较早记载。

（6）实用数学方面

"车人"条、"筑氏"条、"辀人"条、"轮人"条、"矢人"条、"栗氏"条等，都包含有丰富的实用数学知识，并分别涉及了分数、角度、嘉量容器的计算方法等问题，对后世产生过不同程度的影响。如"车人"条谈到了矩、宣、欘、柯、磬折，这是我国最早的一套角度概念。

（7）天文学方面

"辀人"条谈到了二十八宿和四象，且明确地提到了其中一些星的名称，一般认为，这是我国古代关于二十八宿最早的较为明确的记载。《周礼·春官·冯相氏》《周礼·秋官·哲簇氏》虽也提到过二十八宿，但都不曾明确地提到星名和四象。

三 《考工记》的
成书年代

　　今天所见《考工记》，是作为《周礼》的一部分。《周礼》原名《周官》，由"天官""地官""春官""夏官""秋官""冬官"六篇组成。西汉时，"冬官"篇佚缺，河间献王刘德便取《考工记》补入，而仍冠以《冬官》之名。刘歆校书编排时改《周官》为《周礼》，故《考工记》又称《周礼·考工记》或《周礼·冬官考工记》。冬官系统的官，按作者的构想，当为事官，掌"事典"（参见《天官·大宰》第1节），亦即《小宰》所谓"事职"，其职责在于"富邦国""养万民""生百物"。既为"事官"，则其属固不当限于"工"，故江永曰："冬官掌事而不止工事，考工是工人之号，而工人非官。"据江永考证，依作者的构思，冬官之长曰大司空，其副曰小司空，其属可考见者，还有匠师、梓师、豕人、啬夫、司里、水师、玉人、雕氏、漆氏、陶正、圬人、舟牧、轮人、车人、刍人等十五职。然此诸职，除玉人、轮人、车人三职外，其余十二职《考工记》文中皆不见。依《小宰》说，冬官"其属六十"，然《考工记》文仅列三十工（其中段氏、韦氏、裘氏、筐氏、椰榔人、雕人六工职文佚缺）。

　　《考工记》既别为一书，则自与《周礼》原书不同。其首为全篇之总叙，其中论百工的分工一节，则是《考工记》全篇的大纲，兹据以略述各类工种的职事。第一类攻木之工，凡七工：一曰轮人，制作车轮、车盖；二曰舆人，制作车厢；三曰弓人，制作弓；四曰庐人，制作庐器（戈、戟、殳、矛等长兵器）；五曰匠人，建造城郭、宫室、门墙、道路以及开挖沟渠等；六曰车人，制作耒和大车；七曰梓人，制作悬挂钟磬的筍簴、制作饮器及射侯等。第二类攻金之工，凡六工：一曰筑氏，制作削（一种制削简札的刀）；二曰冶氏，制作杀矢（一种田猎用的矢）、戈和戟；三曰凫氏，制作钟；四曰栗氏，制作豆、鬴、升等量器；五曰段氏（原文缺）；六曰桃氏，制作剑。第三类攻皮之工，凡五工：一曰函人，制作甲衣；二曰鲍人，揉制皮革；三曰韗人，制作鼓；四曰韦氏（原文缺）；五曰裘氏（原文缺）。第四类设色之工，凡五工：一曰画，二

古法今观——中国古代科技名著新编

曰缋，《考工记》文合二为一，而总言"画缋之事"；三曰钟氏，掌染羽毛；四曰筐人（原文缺）；五曰慌氏，掌涑丝、帛。第五类刮磨之工，凡五工：一曰玉人，制作圭、璧、琮、璋等玉器；二曰榔人（原文缺）；三曰雕人（原文缺）；四曰磬氏，制作磬；五曰矢人，制作矢。第六类抟埴之工，凡二工：一曰陶人，制作甗、盆、甑、鬲、庾（陶器，具体形制不详）等；二曰旊人，制作簋、豆。以上六大类，总为三十工。从《考工记》文看，记车工之事尤详（分见《轮人》《舆人》《辀人》《车人》诸文），盖因"周人尚舆"，而车又为乘载及战争所必须，且工艺又最复杂的缘故。其次则详于弓矢，尤详于弓的制作（分见《矢人》《弓人》），盖因戎事为国之大事，而弓矢为战争所必需的缘故。又《考工记》所记诸制作，不仅详其尺度、要求和要领，且善于做经验总结以找出带规律性的东西，这是其一大特点。如《筑氏》总结铜锡合金因二者所占比例不同而区分为六等，记载各等的名称及其所适于制作的不同器物，反映了战国时期的冶金业和手工制作业已达到相当高的水平，具有极其珍贵的史料价值。《考工记》中也颇有一些附会阴阳五行的神秘说法，这反映了战国时人的观念。

附考工记中合金成分配比表：

《考工记》中记载了六种器物的不同含锡量，称之为"六齐"。

合金名称	含铜比例	含锡比例
钟鼎之齐	5/6	1/6
斧斤之齐	4/5	1/5
戈戟之齐	3/4	1/4
大刃之齐	2/3	1/3
削杀矢之齐	3/5	2/5
鉴燧之齐	1/2	1/2

结合实践可知，当含锡达到25%以上时，器物就脆弱且不能用，如果达到50%，则稍碰即碎。

四 《周礼·考工记》与
《管子》中关于城郭的描述

  《考工记》是中国目前所见年代最早的手工业技术文献，其中科技信息含量相当大，内容涉及先秦时代的制车、兵器、礼器、钟磬、练染、建筑、水利等手工业技术，还涉及天文、生物、数学、物理、化学等自然科学知识。

  《管子》一书在很多方面对《周礼·考工记》进行了否定，在城市规划领域，《管子》主张从实际出发，不重形式，不拘一格。要"因天才，就地利"，不为宗法封建与礼制制度所约束。所以，"城郭不必中规矩，道路不必中准绳"。同时，在城市与山川环境因素的关系上，《管子》也提出"凡立国都，非于大山之下，必于广川之上。高毋近旱，而水用足。下毋近水，而沟防省"（《立政篇》）。这些理论对后世风水理论的形成和发展有着重要的作用。《周礼·考工记》作为我国古代城市规划理论中最具影响的一部著作，很早就提出了我国城市，特别是都城的基本规划思想和城市格局。它提出，"方九里，旁三门""经涂九轨，九经九纬""左祖右社，面朝后市"等一系列理论。这些理论一直影响着中国古代城市的建设，很多大城市，特别是政治性城市都是按照这种理论修建的。其中最典型的案例是唐朝的长安和北京城（元代和明清时期），清晰的街坊结构和笔直的街道，以及城墙和城门无不反映了《周礼·考工记》中"礼"的思想。在这些城市中，城市本身已经不仅仅是一个供人居住、生活的场所，而已成为一种"符号"，它代表着一种社会关系和秩序。人们生活在其中，日复一日地受到空间秩序的影响，不知不觉中明确了自己的社会定位，而想超越自己原有的定位，是非常不容易的，这正好符合了统治者的需要，所以我们不难发现，《周礼·考工记》的影响是如此的深远，甚至当代的很多城市规划中仍可见到它的影子。

附：

《管子·乘马》："凡立国都非于大山之下，必于广川之上。高毋近旱，而水用足。下毋近水，而沟防省。因天材，就地利，故城郭不必中规矩，道路不必中准绳。"

《管子·度地》："天子中而处，此谓因天之固，归地之利。内为之城，城外为之郭，郭外为之土阆，地高则沟之，下则堤之，命之曰金城。"

《管子·大匡》："凡仕者近宫，不仕与耕者近门，工贾近市。三十里置遽，委焉，有司职之。"

《管子·小匡》："士农工商四民者，国之石民也。不可使杂处，杂处则其言咙，其事乱。是故圣王之处士必于闲燕，处农必就田野，处工必就官府，处商必就市井。"

《管子·度地》："地之守在城，城之守在兵，兵之守在人，人之守在粟。故地不辟则城不固……天下者，国之本也；国者，乡之本也……"

《管子·权修》："夫国城大而田野浅狭者，其野不足以养其民；城域大而人民寡者，其民不足以守其城。"

五 关于戴震《考工记图说》书目评价

1. 从音韵角度考订误字

《考工记图说》一书的体例以诗句为题，不列经文，所考颇多创见。如《墓门》二章"歌以讯之，讯予不顾"条，戴震指出："'讯'乃'谇'，'谇'音'碎'，故与'萃'韵。'讯'音'信'，问也，于诗文及音韵咸扞格矣。屈原赋《离骚》篇'謇朝谇而夕替'，王逸注引《诗》：'谇予不顾。'"近来安徽阜阳汉墓出土《诗经》竹简，正作"歌以谇之"。戴氏判断"讯"当作"谇"，得到了确证。再如《月出》三章"劳心惨兮"条，戴氏考证说："盖'懆'字转写讹讹为'惨'耳，懆，千到切，故与'照'、'燎'、'绍'韵。"并进而考察"今《诗》中《正月》篇'忧心惨惨'、《北山》篇'或惨惨劬劳'、《抑》篇'我心惨惨'，皆'懆懆'之讹"。盖"惨"七感切，《说文》云"毒也"，不可用为叠字形容之辞。"懆"《说文》云"懆懆，愁不安也"，与上述篇皆协。"懆"讹为"惨"，自是确论。

2. 据古注以正《传》《笺》

戴氏根据古注以正《传》《笺》，亦多创获。《小明》二章"昔我往矣，日月方除"条，戴氏举例论证诗中所用为"周正"而非"夏正"，指出："《诗》中用'周正'不一而足，何说《诗》、说《春秋》者尽欲归之'行夏之时'一语，而古人皆不奉时王正朔，可乎！"在封建社会胆敢对奉行孔子所说的"行夏之时"提出异议，可谓确有胆识。

3. 考订诗篇时代

《出车》三章"三命南仲"条，戴氏指出《毛传》所说"王谳，殷王也；南仲，文王之属"是错误的。致误的原因正是由于"徒泥正《雅》作于周初耳"，并进而论证说："宣王命吉甫北征，曰：'玁狁孔炽'，则前此二百余年间，固亦有玁狁崛强之事矣。宣王之臣皇父谓南仲为太祖，岂必远求南仲于文王时

古法今观——中国古代科技名著新编

乎……文王之臣，亦不闻有南仲也。"《毛诗》篇义原以《采薇》《出车》《杕杜》三诗系之文王时，兹经戴氏考证，"其非文王时则决然可知"矣！

4. 提出富有普遍意义的解说

书中还有许多地方，提出一些具有普遍意义的见解。如《关雎》篇说："考诗中比兴，如螽斯但取于众多，雎鸠取于和鸣及有别，皆不必泥其物类也。"《无羊》篇谓："众维鱼矣""旐维矣"二句，"虽曾以'维'字为辞助，不拘于对文。诗中此类甚多，盖言梦而见鱼之众，见旐与耳"。凡此，皆有发凡起例之功。

——侯湛洪《徽派朴学》

《考工记》本另为一部书，后人附入《周礼》。清儒对于这部书很有几种精深的著作。最著者为戴东原之《考工记图注》《考工记图》二卷。

——梁启超《中国近三百年学术史》

郑斤粤镈之篇，备遗事职；穹盖星弓之教，首列巾车。九经九纬，营国有方；五沟五涂，奠水有则。寻筵既度，遂知洛邑之朝；圭黍未县，孰辨营丘之夕。以至肆悬舞甬，五等琼璜，槐里樽空，椎成剑没。大夫嫁女之器，未必皆真；单于贿汉之名，何尝尽伪。谌镒之所以画缋，梁聂之所以更厘，不有参稽，将无兢爽，为《考工记图》二卷。

——孔广森《戴氏遗书总序》

《周礼》六篇，其中"冬官"一篇在汉时遗失，于是用《考工记》替补。学术界认为，《考工记》是春秋末齐国人所著的一部手工技术规范汇编。书中对各种器物的形状、结构、制造原理与工艺等均予以阐述。戴震为《考工记》绘制了五十九幅有关器物的简图，注明器物尺寸，注文采自郑玄，或自己作了补注，对《考工记》本文及郑注多处纠正，是研究《考工记》的杰出成果。戴氏认为，其图注可补原书的不足，可纠郑注的失误，可验遗器原物。有了这些图和注，使许多人们不了解的古代器物鲜明地呈现眼前。其中不少图已为后世出土文物所证实。这些图和注，不仅为阅读典籍提供说明，并且作为古代科技著作的详解，对后世产生影响。

——余国庆《戴震文献学著作述评》

　　乾隆十一年先生二十四岁著。乾隆二十年先生三十三岁为补注，二十年河间纪氏刻本，遗书本有自作后序，有纪昀序。

　　此书成于乾隆十一年丙寅，后序所谓柔兆摄提格也。越八年，纪文达昀谋刻之，先生乃传以注，故段《谱》题曰《考工记图注》。纪《序》云："戴东原始为《考工图记》作图也，图后附以己说而无注，乾隆乙亥夏，余初识戴君，奇其书，欲付之梓。迟之半载，戴君乃为余删取先后郑《注》而自定其说以为补注。又越半载，书成，仍名曰《考工记图》，从其始也。"然则此书初本有图有说而无注，今本乃徇纪文达之《后序》云："考工诸器，高庳广狭有度，今为图敛于数寸纸幅中，或舒或促，必如其高庳广狭，然后古人制作昭然可见。不则如磬氏之磬，何以定其倨句；栗氏之量，何以测其方圜径幂；人之皋陶，何以辩其晋鼓。又如凫氏之钟，后郑云：'鼓六，钲六，舞四，其长十六。'又云：'今时钟或无钲闲。'既为图观之，直知其说误也。句股法，自铣至钲，八而去二，则自钲至舞，亦八而去二，铣为钟口，舞为钟顶。《记》曰：铣曰钲者，径也。曰铣闲曰钲闲曰鼓闲者，崇也。曰修曰广者羡也。羡之度举舞，则钲与铣可知，而钲闲因铣钲舞之径以得其崇。然则《记》所不言者，皆可互见，若据郑说，有难为图者矣。其他戈戟之制，后人失其形似，式崇式深，后人疏于考论。郑氏《注》固不爽也。车舆宫室，今古殊异，钟县剑削之属，古器犹有存者，执吾图以考之群经暨古人遗器，其有合焉尔。"

　　……

　　河间纪氏本《戴氏遗书》本三卷，《花雨楼丛书》题《考工图记注》二卷，钱大昕《戴先生传》、王昶《戴先生墓志铭》、洪榜《戴先生行状》《汉学师承记》《清史列传》皆作二卷。

——梁启超《戴东原著述纂校书目考》

六 《鬳斋考工记解》的
解经特点及价值评析

1. 《鬳斋考工记解》的解经特点

前儒解经或动辄数十万言，或深奥难懂，虽意在解经，却越解越让它离普通人遥远，泛而成注疏之学，从某种程度上来说偏离了注疏经典的初衷。作为《考工记》注解本，《鬳斋考工记解》的解释有着不同往人、独树一帜的特点。概而言之，主要体现在如下几个方面。

（1）图解《考工记》形象生动

图文并茂是《鬳斋考工记解》最为明显的特点。为《考工记》附图，是林希逸《鬳斋考工记解》相当了不起的创举。图之于文字，有着直观、简洁、明了的特点，尤其是反映科技工艺方面的内容，图的作用尤为重要。

《考工记》中记载了大量的古代器物形制，单靠文字，有时人们很难体会它的具体意思，故有"诸工之事非图不显"之说。为此，林希逸采用以图示经的方法，从五代末聂崇义《三礼图》中取图片47幅，配在《考工记》相应的内容之中。这些直观的示意图极大地方便了人们对《考工记》旨意的理解，也对《考工记》的流传起到了相当大的推动作用。故《四库全书总目》云："故读《周礼》者，至今犹传其书焉。"

（2）文字"明白浅显，初学易以寻求"

鉴于《考工记》"经文古奥，猝不易明"，林希逸在《鬳斋考工记解》中多使用浅显易懂的语言进行注解和评述，使得初学者可以很容易理解，故《四库全书总目》云"希逸注明白浅显，初学易以寻求"。如注解"天有时，地有气，材有美，工有巧，合此四者，然后可以为良。材美工巧，然而不良，则不时，不得地气也"时，林希逸云："天时，随物所宜也。如冬伐木，夏伐竹是也。地气所宜，如瘦地宜粟，阳坡种瓜是也。材之美，如燕角荆干之类是也"。又，注解"郑之刀，宋之斤，鲁之削，吴粤之剑，迁乎其地而弗能为良，地气然也"时，林希逸云："此皆烁金为刃之事。郑出良刀，宋出良斤，如运斤成风之斤也。削，书刀也。古人未有纸笔，以刀雕字，谓之书刀，亦如笔也。吴粤之剑，如干将莫邪，万世得名，均此铁也。"诸如此类浅显易懂的注解，在《鬳斋考工记解》中随处可见，加之卷末附有《考工记释音》，注音浅近，大大方便了人们对《考工记》的理解，故今人有"注解明白，便于初学"之评价。

（3）援道解经，别具一格

林希逸作为宋代艾轩学派的末代名儒，与师辈不同，他公开兼收佛学和老庄。他的老庄学名著《庄子口义》《老子口义》以儒、佛解庄、解老，公开主张三教合一。这种融儒、道、佛为一体的解经方法，实际上在《鬳斋考工记解》中也有体现。《鬳斋考工记解》中就有不少地方征引老庄之语来解释《考工记》。如注解"圜者中规，方者中矩，立者中县，衡者中水，直者如生焉，继者如附焉"时，林希逸云："庄子曰，附赘县疣，附亦生而有也。"对于"辀欲弧而无折，经而无绝，进则与马谋，退则与人谋，终日驰骋，左不楗，行数千里，马不契需"，他评说，"契需，古语也，亦难强解。行千里而安，则马亦不费力。其意大抵如此，若以契为锲薄之意，曰不伤蹄，需为濡，迟曰不留滞，皆是牵强，如庄子之话謏髀軨断"。又如注解"清阳而远闻，于磬宜。若是者，以为磬簴，故击其所县而由其簴鸣"时，他说："锐，尖也，以吻决物而食之，鸟雀皆然也，数紧急也，其目视急也，鹰之属也。顾，音悭，又音肩，长貌也。庄子曰其脰，肩肩是也。"这种援道家思想来注解《考工记》的方法，在中国古代《考工记》研究中还是很有特色的。

（4）批判继承，敢于疑古，另立新说

宋代学者在研究经学时"务攻汉儒"，林希逸也不例外，"其书多与郑康成《注》相刺缪"。在注解《考工记》时，他很注意批判继承前人的观点。虽与郑注观点有不一致之处，但他并非全然否定郑玄的成就，认为正确的，他在文中就直接指出，或者直接引用。如"于倨句一矩有半，解仍郑氏《注》"。而对郑注中，林希逸认为错误的，则予以纠正。如注"匠人为沟洫"，他说："沟洫一事乃周礼大节目。盖《匠人》之制与《遂人》不合。故郑氏以为《遂人》所言乡遂之制，《匠人》所言，乃三等采地之制。王畿之内环以六乡，又环以六遂，其地窄，故其所述至万夫有川而止。三等采地散在王畿之内，地颇宽，故《匠人》所言至方百里也。然仔细推算，大有差殊处。郑氏之说，难以牵合。若知《周礼》自为一书，《考工》自为一书，本不相关，皆非周公旧典，则无复此拘碍矣。"这一处虽然在攻驳郑氏注，但对《周礼》和《考工记》二

书能具有如此深刻的认识，实属难能可贵。

在继承先儒、前辈的解经观点的同时，林希逸还敢于疑古，另立新说。除了有宋儒解经"务攻汉儒"的共同特点之外，对师长的解释他也敢于提出异议。如解释"抟埴之工陶旊"时，他对艾轩先生的解释"冶氏为杀矢，裘乃皮匠，恐是学为射垛"之说进行了质疑："此说亦未稳，然裘氏已失，安知其所主何事？虽曰攻皮之工如韗人为鼓鼛，是木匠也，亦预攻皮之数，冶氏又未必为矢匠，古人言语不可强解，冶氏、裘氏想有干涉处，其书已失，亦难言矣。"与此同时，在《周礼》备受推崇的政治背景和学术环境下，林希逸对《考工记》进行了客观评论，并指出缺陷。他说："《考工记》不特为周制也，盖纪古百工之事。故匠人以世室重屋明堂并言之，三代制度皆在此也。但书不全矣。此书续出，阙略不全，不止韦氏、裘氏、段氏等官而已，其先后次序亦自参差不齐。"在这段文字里面，林希逸不仅看到了《考工记》所载不特为周制，而是记三代以来的百工之事，更重要的是，他指出《考工记》篇章次序的"参差不齐"问题以及《考工记》中以官职联系工种的这种体例的局限性。这些都是难能可贵的认识。

2．《鬳斋考工记解》价值评析

（1）普及《考工记》，居功甚伟

《鬳斋考工记解》的最大价值莫过于对《考工记》这部科技作品的普及和传播了。由上文所述，《鬳斋考工记解》在解经上采用附图的方式，形象生动，易于理解。这使得该书成为现存最早的《考工记》插图单行注本，在《考工记》学史上也是独树一帜的。另外，为了方便人们理解《考工记》，《鬳斋考工记解》在文字表述上"明白浅显，初学易以寻求"；在解注风格上援道解经，别具一格。所有这些努力都是为一个宗旨服务，那就是普及和传播《考工记》，进而普及和传播中国古代的自然科学知识。附有插图和释音、文字通畅、文意浅近的《鬳斋考工记解》自然胜过前代某些注解繁琐、冗长，文字拗口的《考工记》注解本，也胜过同时代王安石的以文字训诂为特征的《考工记解》。在经学界强手如林的情况下，他的普及型的《考工记解》居然能够长期占据一席之地，流传较广，恐怕这也是一个重要的原因。

（2）集宋代《考工记》研究之大成，独树一帜

《考工记》记载了先秦时代各种手工业生产的设计要求、制作工艺，还力

图阐明其中的科学道理，这使得该书不仅在中国，而且在世界上也是一本最早、最详细的科学技术文献。最初，该书是以独立的体系存在的，后随《周礼》而广为流传，受到很多学者的关注。人们在注解《周礼》的同时，对《考工记》也进行了一番注释和研究，如汉代郑玄的《周礼注》、唐代贾公彦的《周礼义疏》、孙诒让的《周礼正义》等。宋代除《周礼》学著述大盛外，单解《考工记》的著作亦有数种。已经失传的有陈祥道《考工解》、林亦之《考工记解》、王炎《考工记解》、叶皆《考工记辨疑》、赵溥《兰江考工记解》等，而传世的只有王安石《考工记解》和林希逸《鬳斋考工记解》。然王安石的《考工记解》（两卷），原非注疏单本，是由郑宗颜从王安石的《字说》里辑出来的。《字说》是王安石辞官后闲居金陵时所作的一部文字训诂学著作，与《三经新义》相配合，其中寄托着王安石的政治思想。因此，可以说王安石的《考工记解》是以《三经新义》附庸的面目出现的，重文字训诂，而轻经义阐发，对人们理解《考工记》帮助不太大。林希逸的《鬳斋考工记解》则是《考工记》的注疏单本，专为注解《考工记》而作，既批判继承前人，又另立新说，可谓集宋代《考工记》研究之大成。

（3）解经方式方法，为后世所效法

《鬳斋考工记解》不仅集宋代《考工记》研究之大成，而且其解经方式、方法也为后世所效法。受林书以图解经之法的影响，后世以图解《考工记》者日多，不仅有图文并茂的《考工记》研究专著，更出现了专门的《考工记》图作。明林兆珂《考工记述注》中有图一卷、清阮元有《考工记车制图解》两卷、吕调阳有《考工记图》一卷、戴震有《考工记图》两卷等。其中，林兆珂《考工记述注》后附《考工记图》一卷，"亦林希逸之旧本，无所增损"。这些《考工记》图作的出现，对《考工记》的研究、中国科技知识的普及起到了重要的推动作用。然追根溯源，以图解《考工记》、图文并举的做法可能源于林希逸《鬳斋考工记解》。另外，《鬳斋考工记解》注重"章法、句法、字法"，对后世影响也很大，如明人就很重视对《考工记》行文方式和写作方法的研究。林兆珂的《考工记述注》、郭正域的《批点考工记》、徐昭庆的《考工记通》等都很重视对《考工记》行文方式和写作方法的批注和解释。其中，郭正域的《批点考工记》，选取《考工记》的文句进行圈点批评，"唯论其章法、句法、字法"。徐昭庆的《考工记通》"多斤斤于章法、句法、字法，而考据殊少"。这种对"章法、句法、字法"的关注，意在方便读者阅读《考工记》，进而普及其中的科学技术知识，尽管于经义阐发方面有所欠缺，但从科学普及的角度来看，实在是功莫大矣。

古法今观——中国古代科技名著新编